John Gurche

LOST ANATOMIES

THE EVOLUTION OF THE HUMAN FORM

FOREWORD BY Meave G. Leakey

ESSAYS BY David R. Begun, Trenton W. Holliday, Rick Potts, and Carol Ward

ABRAMS, NEW YORK

前 言

米芙·李基

我清楚地记得我与约翰·古尔奇以及他的艺术的第一次交流的场景。我们在位于肯尼亚北部图尔卡纳湖东岸的阿利安湾湖畔扎营，那里相当荒凉。我们的任务是探索附近的古老沉积物，希望能得到更多关于我们早期祖先在一个鲜为人知但意义重大的时期的细节——这一时期见证了人类祖先灵活使用双手和两足行走。最近，我们在营地附近的一次挖掘中发现了一些手骨，约翰熟练地画出这些手骨。他的画清楚地展示了这些古老的骨骼是如何形成早期人类的手。我被这些极具艺术天赋的插图迷住了，并深刻认识到了艺术在阐明古代化石的形态和功能方面的力量。约翰坐在舒适的营地里进行着骨骼素描，他能熟练地将我们的新发现勾画出来，并根据自己的推测将这些化石重建为一只功能健全的手，我被此深深地吸引住了。

在过去的 50 年里，我常常一连几周在肯尼亚北部图尔卡纳盆地的贫瘠荒原上漫步，试图寻找祖先们的痕迹。我们发现了许多保存完好的化石和一些化石碎片，似乎每个都是有故事的。破译这些故事令人无比满足，甚至会让人上瘾。但是解释每一块化石的含义往往比较艰难。约翰·古尔奇选择了艺术的方式，接下来的这些作品证明了他的努力是成功的。约翰对许多精心挑选的化石的艺术再现成功引起了读者对过去的好奇心。

本书通过化石艺术讲述了人类的发展历史，从刚开始双足行走，到如今完全直立、双手灵巧操作工具，生动地描绘了过去四百万年里人类的进化过程。艺术是一种强大的媒介，可以代替成千上万的文字来展示功能和进化过程。

右图：
南方古猿（物种未知）重建手部骨骼。石墨，丙烯涂层画板

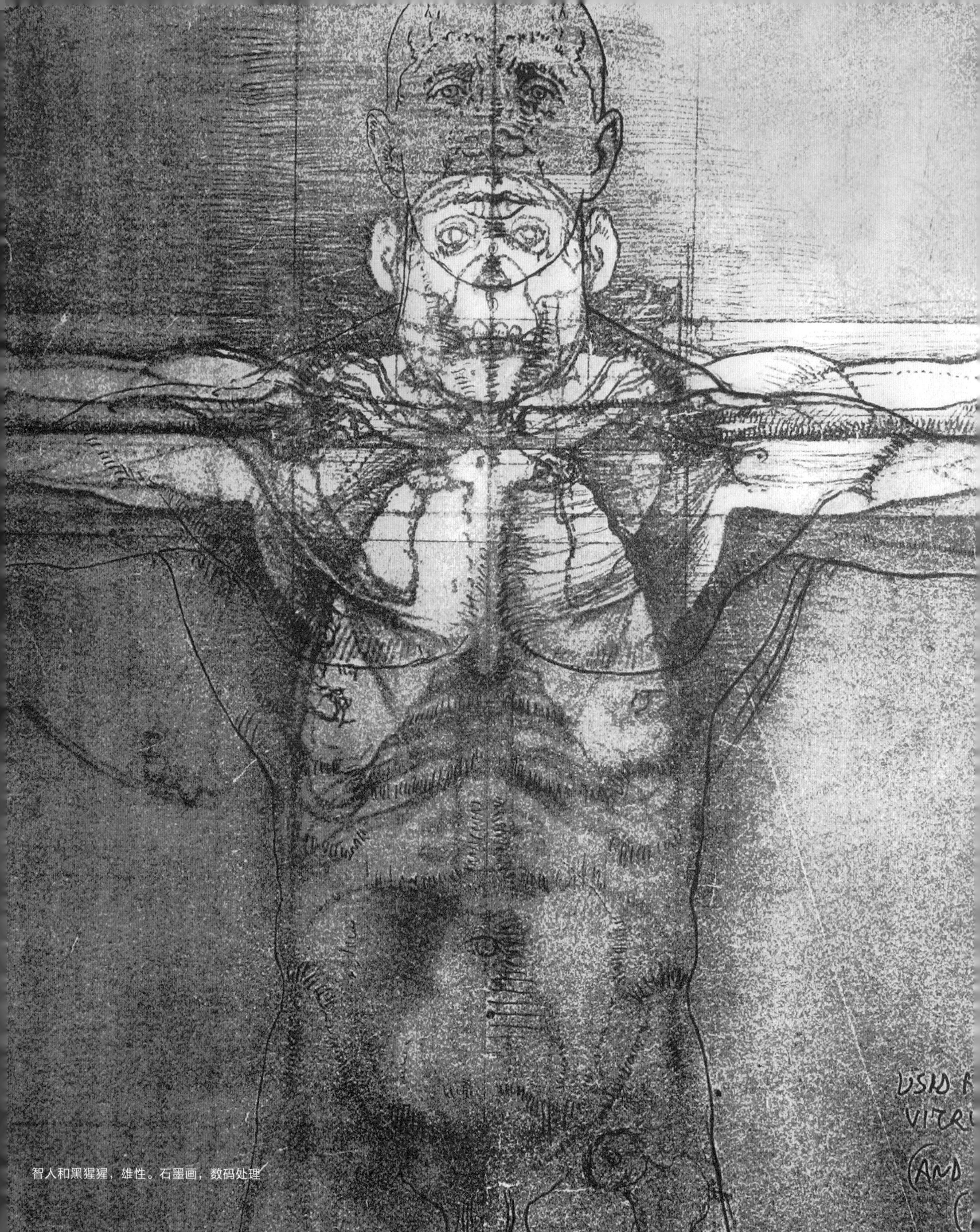

智人和黑猩猩，雄性。石墨画，数码处理

目　录

引言　约翰·古尔奇　002

1　**类人猿和最早的古人类**　大卫·R.贝根　010

2　**南方古猿**　卡罗尔·沃德　050

3　**古代人属**　瑞克·波茨　112

4　**衍生人**　特伦顿·W.霍利迪　162

致谢　200

引　言

约翰·古尔奇

科学和艺术——算不算是一对奇怪的搭档？它们的方法和目标是如此的不同。或许正因如此，将两者结合的想法令人兴奋不已：在艺术创作的过程中，在科学强有力的推动下，会涌现出各种美妙的想象。

我们对自然界中影响巨大的部分进行艺术创作。即使对抽象艺术来说，这也可以算是正确的，因为在抽象艺术中所涉及的自然部分就是艺术家自身灵魂的内在体现。对于我们许多人来说，人类形态是首选。

几千年来，对人类形态的兴趣一直推动着艺术家们进行探索。我们现在生活的时代，对人类起源的科学研究已经通过揭示人类形态的前身——类人猿和已经灭绝的人类祖先——使这一领域得到了拓展。进行艺术探索的时机已经成熟。因此，将科普艺术加入到自然艺术的悠久传统，将我们对人类解剖的视野延伸到了遥远的过去。在这里，大自然被艺术探索的那部分，我们只有借助科学的光芒才能看清楚。

凝视着俯卧在床上的情人的身体，蜡烛的柔光照亮了腰部的凹陷和臀部的曲线，让你浮想联翩。无论是在性方面，还是在博物馆看雕塑时，为什么腰背部或臀部的曲线在我们眼中是如此完美？在如今尚存的动物中，这些特征是人类独有的。一只蓝脚鲣鸟会被那些蓝色的鸟爪迷住。但你是一个人，你只会对同类伴侣的体型即人类形态产生反应。

对列奥纳多·达·芬奇来说，人体的比例跟宇宙是协调的。他的画作《维特鲁威人》将人的形态与圆形和正方形联系在一起。虽然有许多数学方法可以把圆形与正方形联系起来，但在列奥纳多的画中，它们只通过人的形态联系起来。同一个人体，如果其身高等于两臂的跨度——构成一个正方形的尺寸——那么其四肢在进一步伸展时就会形成一个以肚脐为圆心的圆圈。人类形态，作为简单几何图形的关键，似乎也加入了它们的行列，成为宇宙设计中的一个基本元素。

根据某些宗教，人类是按照上帝的形象创造的。我们经常发现这种想法在艺术中得到表达；米开朗琪罗在西斯廷教堂天花板上描绘的上帝和亚当的身体是非常相似的。虽然我不是在为人

右图：
女性智人身体比例，基于普里莫斯特4号骨架。钢笔，墨水，丙烯涂层画板

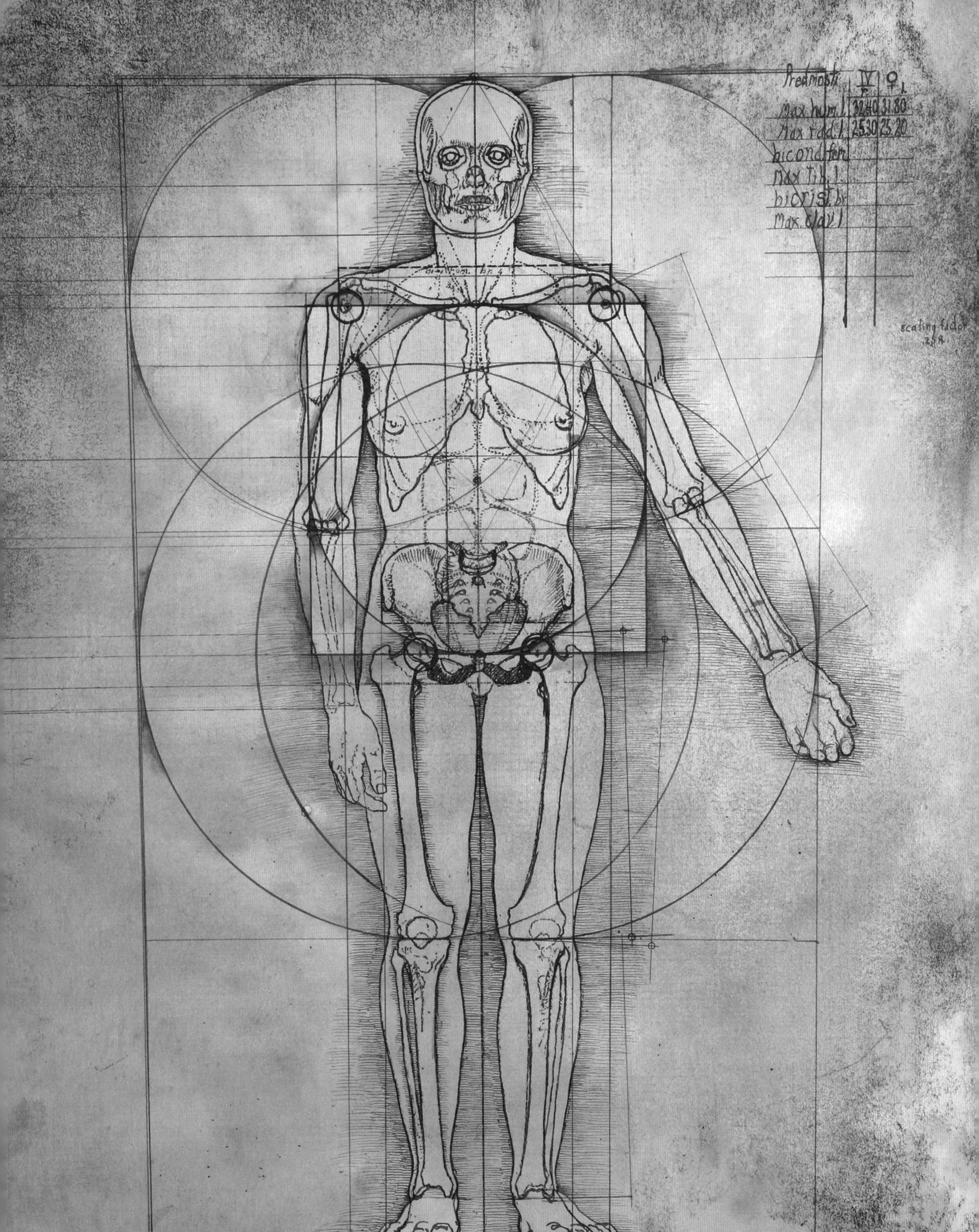
Predmosti
IV
♀
Max hum l.
32.40
31.80
Max rad. l.
25.30
25.20
bicond fem
Max Tib. l.
bicrist. br
Max. clav l
scaling factor
.258

类形态的神性辩护，也不是暗示它具有基本几何图形的地位，但艺术家对它的处理表明了它对我们的强大吸引力。人类形态无疑是艺术中最具影响力的主题之一。鉴于这一传统，对其未来的艺术探索似乎势在必行。

自从我第一次意识到人类的起源在生命史上是多么奇妙和奇异的发展之后，我就一直想了解我们人类的祖先。为了寻找他们的身份，我想看看他们的脸，凝视他们的眼睛。由于他们目前无法再现，唯一可行的方法就是利用我们所知道的比较解剖学知识，在他们的头骨上重建他们的脸。如何去做，这在艺术学校是学不到的。但我从童年开始就喜欢把任何吸引我的东西画出来或雕刻出来，这个习惯一直持续到成年，我把它跟古生物学和人类学的学术训练结合在一起。之后，我又花了几十年的时间和科学家团队一起工作，以发现现代猿类和人类的骨骼和软组织的关系模式，这些模式可以用来从保存在已灭绝祖先化石中的骨骼推断出软组织的结构。

回顾过去，唯有感谢这条路为我带来的一些经历。

我曾经坐在一个桌子旁，面前摆着一具250万年前的骨架，我仔细思索着这个生物的形状，它在某些方面是人类，但在其他方面却与人类相去甚远。

我曾经从脂肪和筋膜中仔细梳理出一只成年雄性猩猩面部表情的肌肉纤维，直到出现的结构看起来像一个正在变成花朵的猿猴头部的奇异雕塑，肌肉纤维呈扇形展开，就像拉长的花瓣一样横跨在脸两侧的大脂肪垫的背部和前部（第24页）。

我曾经发现了一把有近百万年历史的石制手斧，因山坡受侵蚀而露出地面，当我抓着这把手斧的时候，我意识到最后曾经握着它的那只手并不是真正的人手。

我曾经站在一具原始人的尸体上，认为自己不能这么做，我不能把它切开。当我最终克服犹豫，很快就进入了另外一种情绪，因为我的手术刀开始揭示出外形之下的复杂结构。

什么样的艺术家能有这样的经历却什么也感觉不到？当我从事古人类重建背后的解剖学研究时，内心渐渐形成一股审美压力，直到再也无法忍受，于是从27年前开始私下研究一系列以美学目标为首要关注点的人类起源的艺术。从那时起，只要有可能，我就会为此抽出时间。其结果就是这本书中的艺术表现。

猿类、天使和怪物让我们着迷，因为它们似乎是人类形态的畸变。即使其中一些代表了我们的祖先，人的形态依然是我们的参照系，我们用它来衡量一切。某个过程可以将一种明明不是人类的形态重塑成人类，发现这么一个过程是多么令人激动的事啊。如果我之前描述的经历有一个共同的元素，那就是它们都没有在意熟悉领域的分界线——我们已经深深地将这些形态烙进了我们的身体。当然，人类的面部两侧并没有巨大的脂肪垫，但我们的脸颊脂肪增加了，我们还对那些与人类面部结构有很大不同的面部结构非常感兴趣。还有手臂！它们真的能有那么长吗？脚与手的相似性使我们感到震惊；它们除了有支撑身体重量的作用外，还有抓握的功能。看着这些四肢，我们可能一开始不会意识到它们才是原始形态的，而我们的四肢是衍生形态的。

在艺术中有哪些方法能最好地表现这些形式及其元素？在所有用来捕捉解剖形态的二维技术中，我认为绘画是迄今为止最动人的。据说米开朗琪罗的大部分画作都被烧毁了。很显然他希望人们只看到他已经完成的雕塑和绘画杰作，而不是通向它们的过程，包括荒路、死路和歧路。在我看来，现存的米开朗琪罗的画作以及列奥纳多和阿尔布雷希特·杜勒的画作一直是他们最有活力、最引人注目的作品。最后的画作可能有着一个完美的美丽外表，但你在里面看不到创造者。这些画作不亚于纸上的思想。人类的形态就在那儿，同时我们还能激动地瞥见把它带到我们身边的媒介——艺术家的心灵。为了在本书的艺术作品中包含一些我为灭绝的祖先重建解剖形态的过程，我选择了绘画。选择画作时我比较宽松，例如，一幅作品中颜料的使用远远超过墨水和石墨，只要作品能显示过程，我都不会舍弃。

在这里，美学目标可能占据主导地位，但在本书中，科学对艺术来说更重要。每一幅画都是基于对特定化石的仔细重建，使用了现有最好的解剖学。书中描述的大多数解剖形态都是以不完整的形式呈现在我们面前的，为了再次完整地看到它们，就必须利用我们对活体解剖关系的理解来恢复它们“遗失的”解剖结构。在重建解剖结构时，抑制自己的审美冲动很重要。然后，当重建完成，我想把它画出来的时候，我会把这些感觉释放出来。但一切都在尝试中；在美学的名义下，光线、颜色、透视等方面的许多改变都是允许的，但是解剖结构不能被歪曲。

这些画中有些并不仅仅停留在解剖形态的“纯”视觉描述上，其他元素也悄然渗入。如何解释这些呢？我不确定我是否能完全说清楚这个过程，也不确定有没有其他的艺术家能做到。我想说的是：永远不要相信一个说他能完全解释自己创作过程的艺术家。我们可以在事后找到一个合理的解释，但艺术创作本质上是一种非语言行为，受意识、思维边缘力量的影响。也许我不应该尝试。据报道，斯坦利·库布里克曾这样说过：“如果列奥纳多在画布底部写道：‘这位女士在微笑，因为她对情人隐瞒了一个秘密’，我们怎么可能欣赏蒙娜丽莎呢？”我们最好还是反思列奥纳多思考过程的奥秘，即使是列奥纳多本人也可能很难确切地解释他为什么要这么画。

关于我自己的作品，我能说的就是，在画画的过程中，常常有其他的东西控制着我——像是来自外界。在这个过程的某个环节，原计划中没有的一个根本性的改变会持续不断地引起我的注意，我感觉到这幅画自己想要达到这种效果。我知道这听起来有点傻，但确实是真实的感觉。我可以选择顺从或者不。下面是对一幅画（第 6 页）创作过程的描述，是我在画完后不久写的，目的是让自己理解它：

左图：
尼安德特人的凯巴拉骨架，发现时和挖掘前。石墨画热转印，丙烯，木板

来自凯巴拉遗址的骨头不会静止不动，这就是问题所在。起初，骨架被发现时的姿态就形成了一幅强有力的构图，这就足够了，这也是我开始绘画的动机。在骨骼、骨头碎片和沉积物中发现了大量的微粒物，我决定将这些也画进去。一开始我并没有意识到它们会左右我的创作过程。就这样我完成了这幅画，这是一幅非常棒的动态构图的骨骼图。不知何故，这还不够，尤其是微粒物迫切需要进一步的探索。我需要把自己变小，投入到绘画和探索中。所以我扫描了这幅画，把它放大了很多。我被微粒物的分布所暗示的运动迷住了；它们似乎在骨架周围旋转。听从增强这种效果的召唤，我开始改变画面，以增强运动的效果。在某一时刻，这幅画开始需要颜色，而这些微粒变成了某种不可能的、假想的恒星，由于它们的运动，一端发生红移，另一端发生蓝移。洋红色不是我最喜欢的颜色之一，但这幅画现在要求的颜色是电的颜色，甚至是氖气的颜色，最佳候选颜色就是上面的洋红色和下面的铁蓝色。这样，无生命的就变成了有生命的。

我应该拒绝沿着这条路走下去吗？到底以什么名义？骨架被发现时其原始形态的表现是否纯粹？我承认，原始形态的力量是强大的，我冒着让它在这条实验道路上变得不那么强大的风险。但是有一种不可抗拒的可能性使它更加强大。骨架几乎是在跳舞，微粒在周围旋转，在它们的疯狂搅动下产生烟雾。它在振动——一种暗示生命的运动。

这里所描绘的祖先们在不完整的状态下通过漫长的历程进入了我们的时代；他们只有在高信噪比下才能成功。侵蚀和腐烂过程已经完成，画中有时会用视觉静态来表现——沉积物的纹理代表了我们之间巨大的时间间隔。祖先的目光与我们的锁定在一起，只不过要跨越时间和沉

积物的海洋。本书中的一些画代表了对噪声和信号的完美平衡的追求。

我有时会在肖像画中加入我在重建某个祖先时所做的解剖笔记的摘录。这些也在它从生物到碎片化石，再到我们对它的重建形式的最佳构想的旅程中发挥了一定作用。有些图像直接取自我的解剖笔记，有的经过数码技术处理，有的不经修改。

这里偶尔会有超现实主义。我可能想提出一个主观的现实，因为它可能是由一个特定的早期古人类经历过的，这种生物有一些人类的特质，但不是全部。其中一些作品可能会被命名为"增强的认知带来新的恐惧"。我认为，任何试图捕捉一个与我们不同物种的成员的主观体验的尝试，都必须具有超现实的性质，才能把我们带出自身体验的局限。

本书的艺术部分分为四章，反映了我们的近亲很容易归入的分类类别。这些代表了人类历史的四个主要阶段。在"类人猿和最早的古人类"这一章中，最早的古人类被包括在类人猿中，因为他们非常像类人猿，以至于他们的古人类地位都受到了质疑（不过，越来越多的人认为他们是古人类）。"南方古猿"记录了人类历史的一个阶段，在这个阶段中，人类的身体真正适应了两足行走和奔跑，而他们仍然能够爬树。"古代人属"涵盖了我们这个物种的起源，进化的身体适应了越来越多的食肉行为、长途跋涉和对石器的日益依赖。大脑变大和认知能力增强是这幅图的一部分。这些适应似乎已经在不同程度上存在于古代人类物种中，但是在这一章的结尾，他们的身体看起来已经很接近现代了（尽管大脑的尺寸落后了）。随着"衍生人"中描述的物种的出现，大脑的尺寸达到了现代的范围，身体也完全变成人类的了。

翻阅这本书应该会产生一种人类大聚会的感觉。人类形态的进化是一个填空的过程，一些我们认为典型的人类特征在原始人类历史的早期就已经进化了，而另一些特征则进化得相当晚。我们祖先的进化表亲并没有包括在内，以避免对人类进化树线性的任何误解。

虽然我们祖先的形态似乎是有目的地朝着我们的形态发展，但进化从来没有以人类形态为目标，理解这一点非常重要。进化是没有目标的：如果某种特征在当地环境中运行得足够好，使得拥有它的个体比不拥有它的个体存活和繁殖的数量更多，那么这个特征就被保留下来。如果这种特征在很长一段时间内继续传递着优势，它就可能标志着一种进化趋势——例如，大脑变大，而且这种趋势似乎是有目的的。但在人类形态中，没有任何东西是一个预期的终点——它只是我们在现在生活的时代中发现的属于我们自己的形态。那些更大的大脑在我们这个时代比较管用。目前为止是这样。

人类形态与我们产生了如此强烈的共鸣，以至于我们可能会想把它视为一个已完成的造物。我们通常不认为它是动态的、不断变化的、会随着时间推移被不断重新加工的。但进化是一个不安分的雕塑家，鲜有满足于让一个形态长期保持原样。事实上，我们称之为人的身体已经被改造了很多次，被赋予了很多不同的功能。当你看到米开朗琪罗为西斯廷教堂绘制的壁画中精致的亚当红色粉笔画时，你看到的是一个树栖类人猿的身体，它的身体是被改造过的，以适应在地面上的两足行走，以及在多栖环境中生存需要的技术提升。如果我们活下来了，身体就会被重新改造。

当我想找理想的作者来介绍每一章所代表的祖先时，我的决定归结为几个简单的问题：谁最了解他们？谁最喜欢他们？虽然公众可能认为科学家纯粹是冷静的观察者，但这不是全部。许多科学家就是被美学因素所驱使的。我很幸运地为这本书找到了两者都擅长的科学家。他们是各自研究领域的世界级顶尖专家。他们看到了超越数字的诗意。

这本艺术集是我 27 年的心血。它背后的研究把我带到了世界各地，从肯尼亚和南非到法国和格鲁吉亚共和国，去研究原始人族化石。同样重要的是我三十多年来解剖猩猩、大猩猩、人类、倭黑猩猩和黑猩猩的经验。能看到我曾经所看到的，已经超出了我早年生活中的任何梦想。我最希望的是，这些画能恰如其分地体现出进化中的人类形态在解剖学上的辉煌和视觉力量。当你在头和脸、手和脚、骨骼和肌肉组织——这本书中描绘的曾经遗失的解剖结构——之间穿梭时，我希望你能发现一些能唤起你对人类发展漫长旅程感兴趣的景象。如果你体验到了我在创作这些画的过程中所经历的快乐，哪怕是一点点，我就很开心了。

1

LOST ANATOMIES

大卫·R. 贝根
David R. Begun

APES AND EARLIEST HOMININS

类人猿和最早的古人类

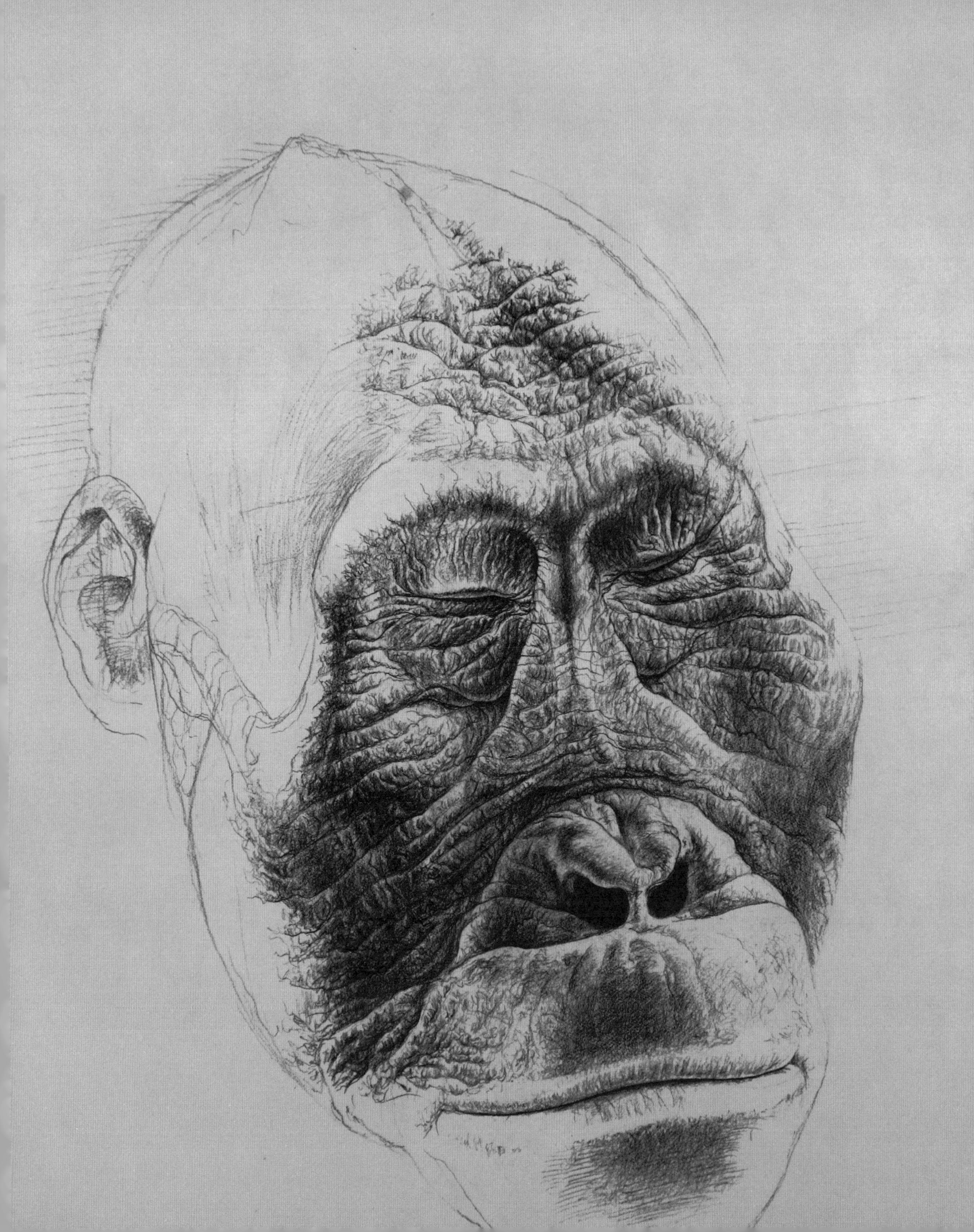

大多数人喜欢类人猿幼仔的照片，脑袋圆溜溜光秃秃的，两只往前突出的大眼睛。它们非常可爱，看起来很像人类婴儿。我也喜欢这些图片——比 YouTube 上的猫咪视频可爱多了。但是，随着类人猿的成长，它们看起来不那么像人类了，人们也往往看不到它们与自己的联系。我却看到了更多的联系。我看到的不是类人猿身上的人性，而是我们身上的“猿性”。这就是为什么 40 年前我开始认真研究化石记录，以便更好地理解猿类和我们人类之间的关系。

一只大雄狮或秃鹰的力量和威严给我们留下了深刻的印象，虽然在某种美学层面上，这些生物与我们没有根本的联系。然而，看看现存的类人猿，你会发现我们不过是它们中的一员。一只秃顶、满脸皱纹的老年雌性黑猩猩睿智的目光和一只高大的雄性银背大猩猩自信、平静的表情，都让人觉得非常熟悉。书中两幅倭黑猩猩的图像打动了我，雄猩猩看起来好像正专注于 400 米接力赛的发令枪上（第 12 页），而雌猩猩则像是在耐心地等待约翰暂停肖像绘制（第 33 页）。这些图像并不代表猿类的行为像人类。但是它们太像人类了，或者我们太像猿类了，使得两者之间的联系变得明确无误。我们不知道它们在想什么，甚至不知道它们是否在思考，但它们的面部表情和我们的很像，比任何其他动物都更像。正如这本书中精彩展示的那样，我们的脸在很大程度上与类人猿相似，因为我们和它们有共同的肌肉。然而，还有另一件事：正是某些面部肌肉收缩和其他肌肉放松的精确结合，使得一个特定的面部表情，无论是微笑还是鬼脸，在类人猿中是如此清晰可辨。很难相信，大脑中自古以来就固有的这种程度的肌肉控制，并没有揭示我们在自己脸上识别出的一些相同情绪。

第 11 页图：
印度西瓦古猿。石墨，木板

左图：
成年雄性倭黑猩猩。红色粉笔，丙烯涂层画板

右图：
一只古猿（埃克姆博，左）和一只类人猿（黑猩猩）的身体剖面图。石墨，钢笔，墨水，丙烯涂层画板

人类是由类似黑猩猩的祖先进化而来的，这似乎是不言而喻的，但在古人类学家眼中，情况远非如此。我们与黑猩猩拥有共同祖先，这一点在科学上并没有争议，但对于黑猩猩和人类之间最后一个共同祖先的性质，或者说“缺失的一环”，存在激烈的争论。例如，这本书中对我们古老的亲戚乍得沙赫人或地猿的重建，会让你想起类人猿，而不是人类。要是在街上遇到这些家伙，你会打电话报警说它们是从动物园逃出来的。从共同的祖先分支后，人类谱系的变化比黑猩猩的要大得多，这是古人类学的一大谜团。由于变化较小，今天的猿类在某种程度上是活化石，为了解我们祖先的特点提供了一个窗口。

类人猿包括红毛猩猩、大猩猩、倭黑猩猩和黑猩猩。如今所有的猿类都只生活在热带地区。在亚洲，有苏门答腊和婆罗洲的红毛猩猩，在赤道非洲有黑猩猩、倭黑猩猩和大猩猩，它们从东部的坦桑尼亚蔓延到西部的塞内加尔，遍布整个非洲大陆。所有类人猿都因与人类竞争而面临灭绝。你的子孙可能永远不会知道类人猿在它们的自然栖息地的真实情况。但这是另一本书的主题了。

所有类人猿的手臂都比腿长，这跟猴子和一些灭绝的古猿如埃克姆博（右图所示）形成对比，它们大多数都有大致相同长度的四肢。当然，人类的腿比手臂长，这与人类的两足行走有关。类人猿的长臂使它们成为优秀的攀爬者，能够从下面攀上树枝。它们在树枝间摇摆，而不是像猴子和古猿那样在树枝上行走。所有的类人猿都有更垂直的脊椎，而猴子和古猿跟大多数哺乳动物一样，背部是水平的。类人猿有宽阔的躯干，把手臂放在身体两侧，而不是像大多数哺乳动物那样上肢下垂。类人猿的肘部有特殊属性，允许它在树枝下面摆动。与猴子和古猿不同，类人猿可以伸展肘部使手臂完全伸直，肩膀非常灵活，手的活动范围也很广。这些属性在对比黑猩猩和古猿（埃克姆博）骨架的图像中（第 15 页）得到了非常好的展示。最后一点，类人猿是大型灵长目动物，体型大小不等，最小的黑猩猩和倭黑猩猩体重约 30 千克，而大的雄性大猩猩体重则高达 150 多千克。除了人类之外，它们比其他任何灵长类动物都需要更长的时间发育成熟，和人类一样有很长的婴儿依赖期。类人猿是现有的灵长类动物中唯一在体型上与现代人类有重合的。

当然，类人猿的身体和我们的不完全一样。我们的短手（尤其是我们的短手指）和粗壮有力的拇指赋予了我们更为精确的操作能力。我们的脚更短、更宽，踝骨变大，大脚趾粗大，小脚趾很小，已经把猿类的操作器官变成了高效直立行走的稳定平台。我们的长腿进一步提高了我们双足行走的效率，我们又长又窄的躯干也是如此。然而，我们与类人猿的共同特征是多方

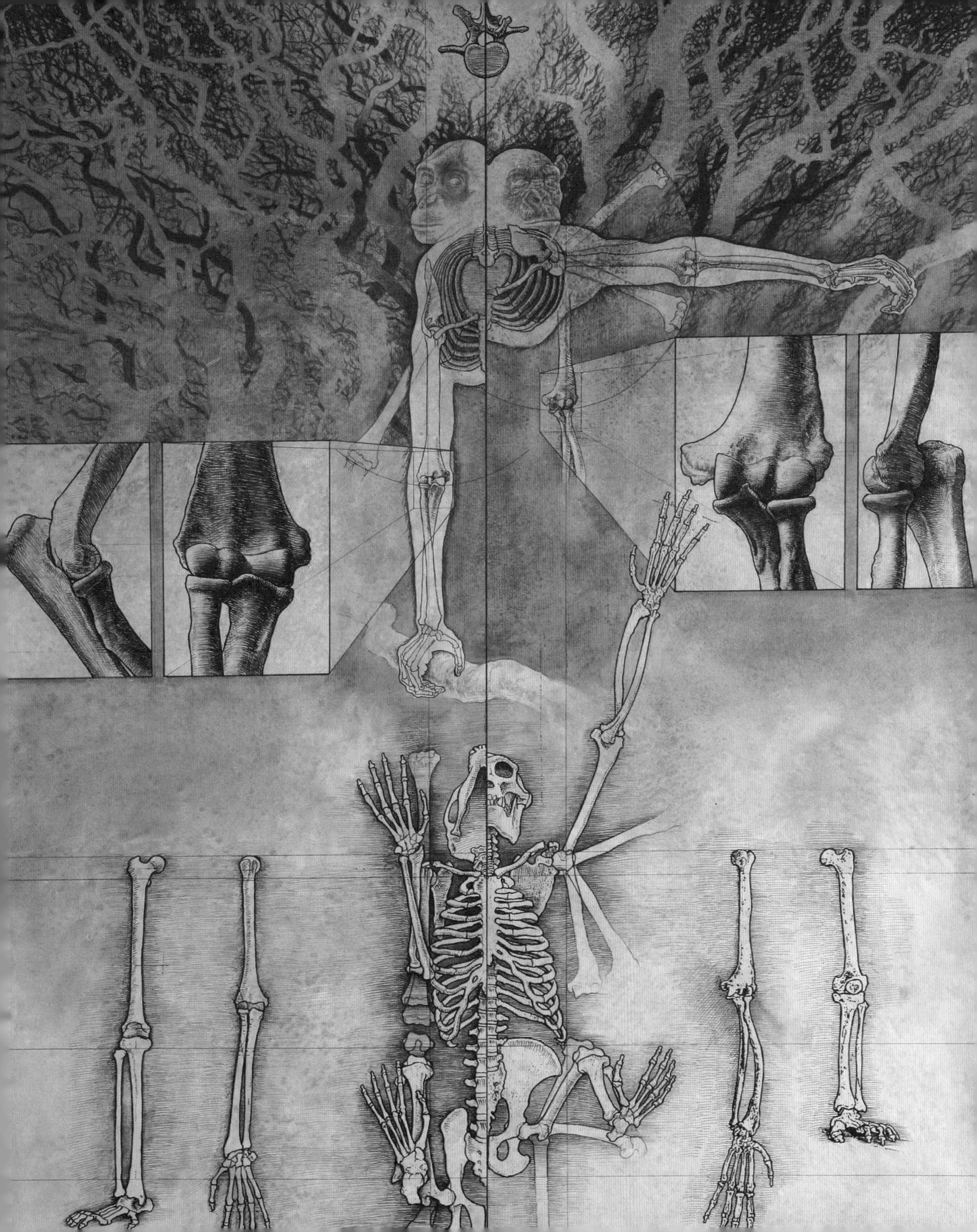

面的，而且毫无疑问都是从我们的共同祖先那里继承下来的。然而与直立行走和手部操作相关的结构调整则要晚得多。

除了身体的一般形态，类人猿的头骨和牙齿与人类的这些特征有着特殊的相似之处。虽然所有类人猿（尤其是雄性）的犬齿都比人类的大，但我们的臼齿和它们的非常相似。猴子有一种最近才进化出来的臼齿形状，叫做双脊齿（双裂齿），这使得它们能够精细地切割所食用的多叶植物。（由此可见，在臼齿形态上，猴子比猿类或人类进化得更快。）即使考虑到它们庞大的体型，类人猿的大脑也是除人类之外的灵长类动物中最大的。这与类人猿优越的认知能力相关，只有我们人类才能超过它们。

在人类身上，我们发现了几乎所有区分类人猿和猴子的属性，除了四肢比例、躯干长度和手指 / 脚趾长度。我们直立的脊椎、宽阔的躯干、活动的肩膀和手腕、可伸展的肘部、巨大的脑袋和缓慢的生长都与猿类非常相似，尤其是类人猿，其中又以非洲猿最为相似。即使是我们灵巧的双手和稳定的双脚，虽然在某些方面是独一无二的，但在非洲猿类中也发现了它们的前身。难以想象所有这些共同属性都是独立产生的。所有这一切综合起来，就提供了确凿的证据，证明我们从与现存类人猿共有的祖先那里继承了所有这些对人类生物学和行为至关重要的特征。仔细观察类人猿和人类的解剖结构就会发现，我们基本上就是类人猿，骨骼经过重组以适应直立行走，颌骨和牙齿变小反映了饮食的变化，大脑变大与我们不可思议的适应能力有关。

古猿化石中最著名的是埃克姆博，在肯尼亚境内有 1700 万 ~2000 万年历史的遗址中被发现。约翰在进化树和肖像画（左图所示）中描绘的埃克姆博是一只猿，但看起来更像一只猴子。它的胳膊和腿一样长，躯干和脊梁像猴子，大脑跟狒狒一般大小。但埃克姆博没有尾巴，以及其他一些更微妙的特征，都说明它是猿而不是猴，因为所有的猴子都是有尾巴的。它是一种经典的中间形式，就像始祖鸟介于鸟类和恐龙之间一样。没有人知道“为什么猿会失去了尾巴”。这也许是个随机事件，但它可能迫使猿类在树上加强双手的使用以保持平衡。

书中的其他化石猿类面部展示了生活在我喜欢称之为“真正的人猿星球”上的物种的惊人多样性。想象一下，有一片连绵不断的森林，从西班牙一直到中国，北到德国，南至赤道，在大约 1500 万年的时间里，这里生活着一百多种已经灭绝的猿类，体型从家猫大小到北极熊大小不等！有些猿吃树叶，有些猿吃水果，还有些猿吃种子和坚果。有些猿在树枝顶端行走，有些猿在树枝下面晃荡，还有些猿主要在地上行走。这是猿类王国的鼎盛时期，在物种数量和适应类型上都具有空前绝后的多样性。你可以看到从更像猴子的埃克姆博到来自南亚的看上去很像猩猩的西瓦古猿（第 11 页）的转变，还有欧兰猿，来自希腊的化石类人猿，非常像大猩猩（第 20 页）。头部长相怪异的山猿（第 19 页）有着小小的脑壳和大大的下颚，展示了当一只猿在

左图：

非洲猿猴（一种古猿）与系谱树，包括（从左到右）旧大陆猴、埃克姆博、长臂猿、西瓦古猿、红毛猩猩、鲁达皮修斯猿、大猩猩、智人和黑猩猩的头骨。丙烯，红色粉笔，黑色粉笔，木板

上图:
雌性匈牙利鲁达皮修斯猿。钢笔，墨水，画纸

右图:
山猿。石墨，木板

一个岛上孤立地进化时会发生什么，在这种情况下，它会与南美树懒的解剖结构趋同！

在约翰的系谱树中，鲁达皮修斯猿位于红毛猩猩和大猩猩之间，也以肖像（见上图）和头骨绘画的形式被展现出来。在匈牙利的一处遗址发现的那个头骨是我职业生涯中最激动人心的收获之一。把鲁达皮修斯猿放在猩猩和非洲猿之间，意味着它与非洲猿有共同的祖先，而猩猩没有。换句话说，鲁达皮修斯猿是非洲猿谱系的一部分，是在与猩猩分支后进化而来的。鲁达皮修斯猿以及和它相关的欧洲猿类，从进化角度来讲属于非洲猿，它们比任何来自非洲的非洲猿化石都要古老，这意味着非洲猿和人类的共同祖先是在欧洲进化的（现代人类大约在 30 万年前首次出现在非洲）。

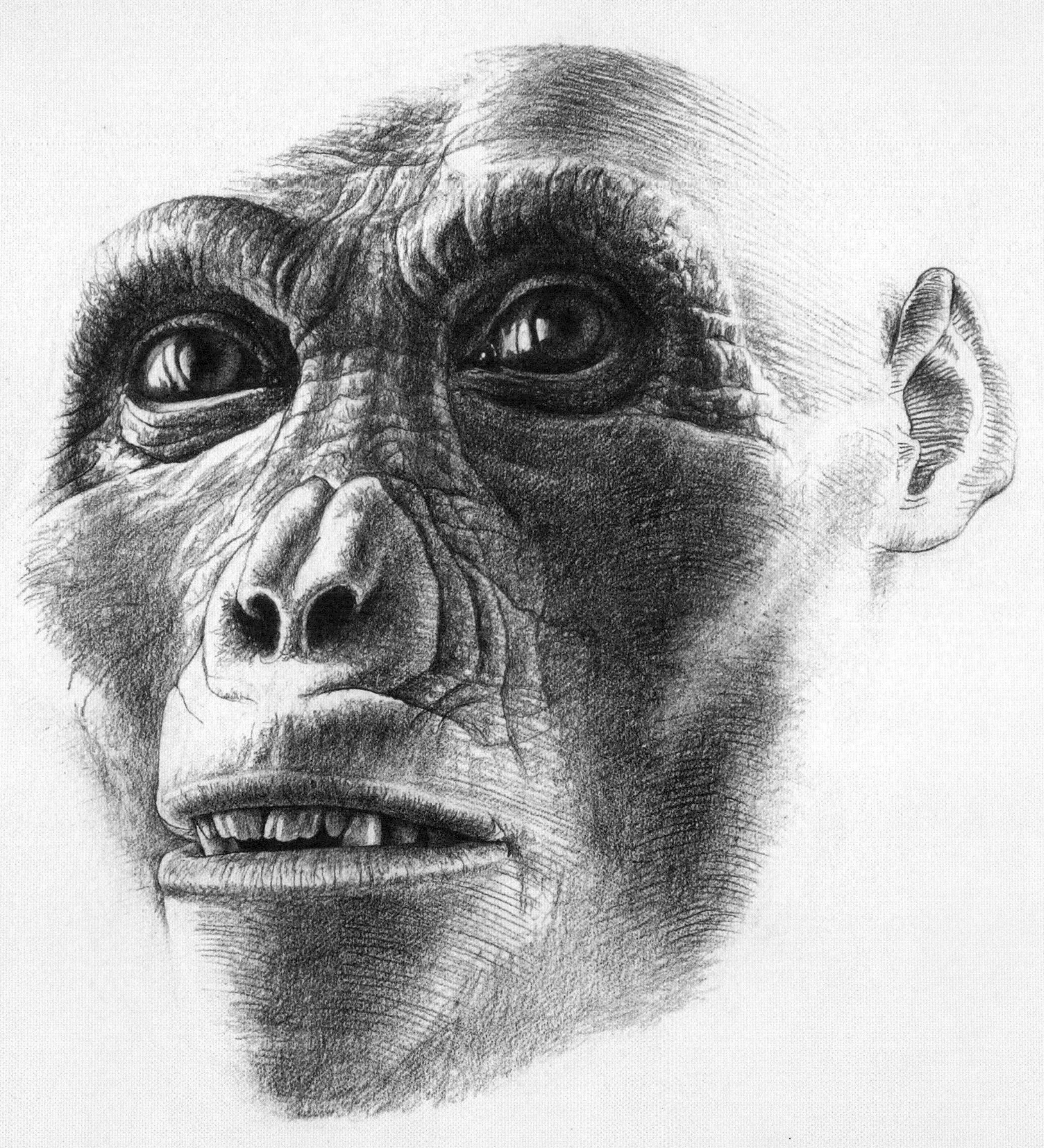

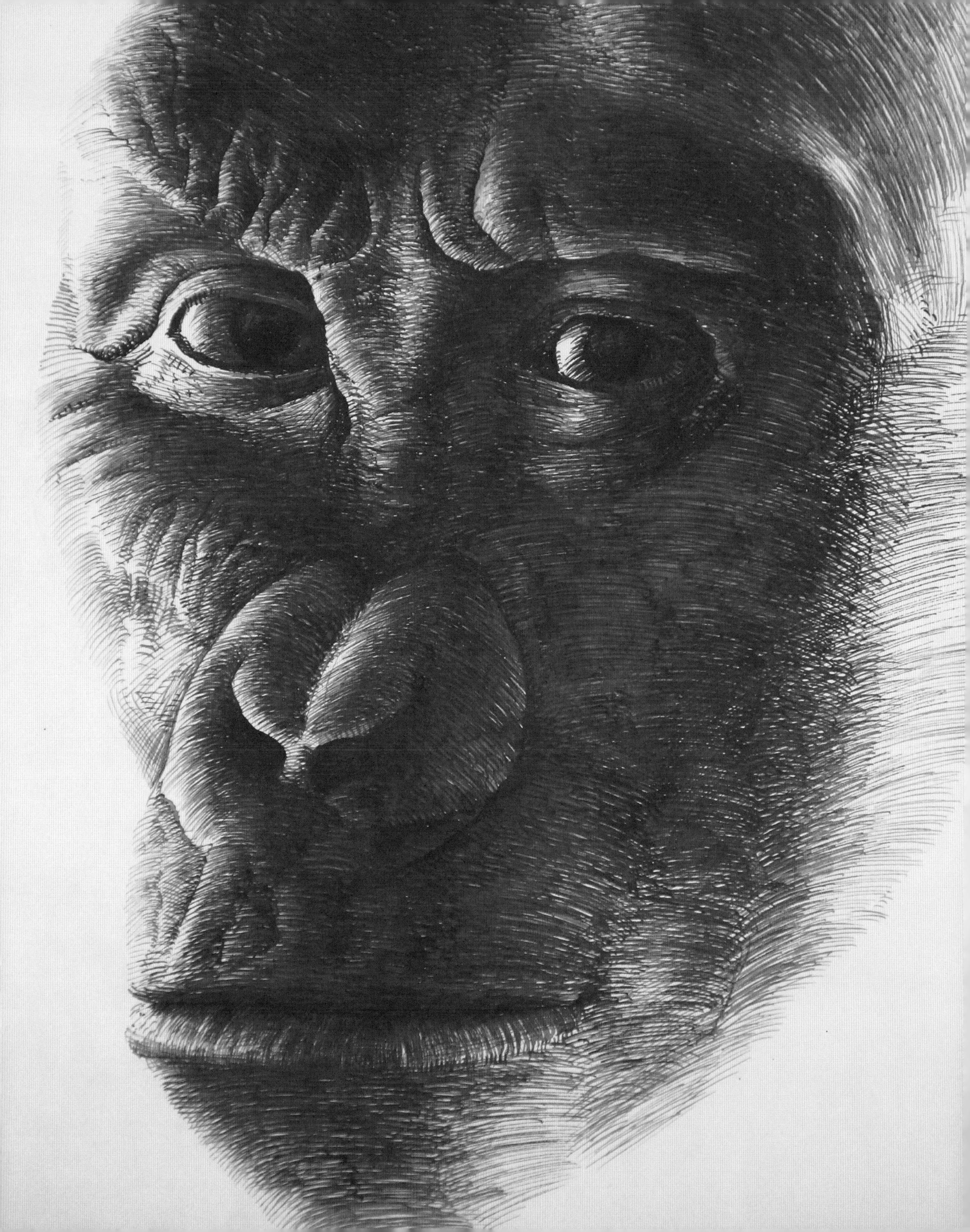

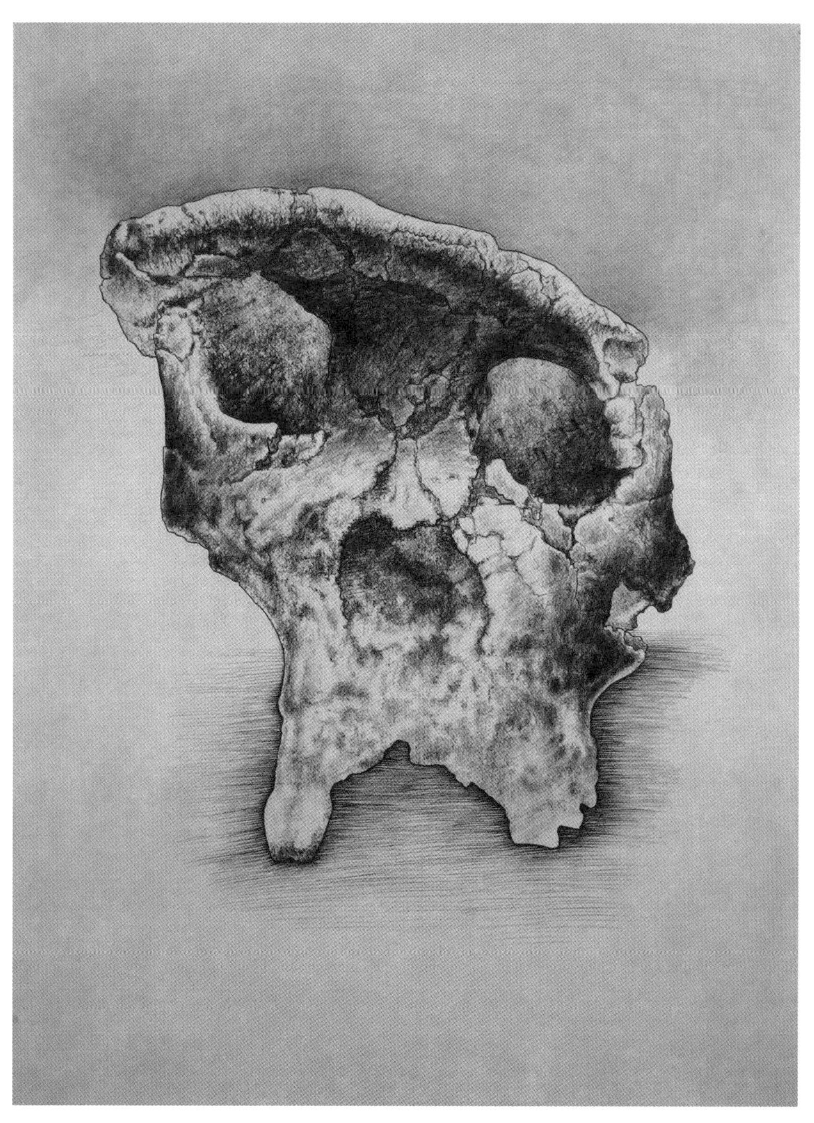

虽然非洲猿类和人类已知的最古老的亲属是来自欧洲的，但最早的古人类（与我们的亲缘关系比黑猩猩更近的人类以及化石亲戚）的最著名候选人来自非洲。其中最古老的是沙赫人，来自乍得境内距今 600 万 ~700 万年前的托罗斯 - 梅纳尔拉遗址。约翰的图片令人信服。那块化石看起来像一个被压扁的、开裂的头骨，但对古人类学家来说，它是惊人的完整，信息丰富（见上图）。乍得沙赫人的脸凸显了约翰作为艺术家的技能。与我所见过的任何其他重建图相比，这幅图更精确地捕捉到了这一古人类的解剖结构（第 46 页）。

上图：
乍得沙赫人头盖骨。
石墨，木板

左图：
欧兰猿
钢笔，墨水，画纸

并非所有人都同意乍得沙赫人是古人类，看看约翰的肖像画，你就会明白为什么了。我认为乍得沙赫人是古人类。他的犬齿比同样大小的雄性黑猩猩的犬齿要小。雄性古人类的犬齿很小，与雌性的几乎无法区分，而雄性类人猿的犬齿明显比雌性的大。为什么会这样，有很多观点。我个人觉得最合理的是猿类的大犬齿就像鹿的大角或羚羊的大角，它们在竞争中能发挥作用，使个体不必诉诸血战就能在心理上击垮对手（尽管这种情况只是偶尔发生）。雄性古人类犬齿的变小可能与雄性之间的合作增加有关（如果你想集体工作，就不必令人生畏），也最有可能是随着雌性变得更喜欢与犬齿较小的雄性交配的行为而产生的，因为拥有较小犬齿的雄性更有可能是合作的而不是好斗的。

乍得沙赫人有一个面朝下的枕骨大孔，位于头骨底部靠近平衡中心的位置。那到底意味着什么？枕骨大孔（字面意思是“大洞”）是大脑底部和颈部之间并向下连接脊髓的孔。在猿和大多数其他哺乳动物中，颈部从后面连接到头部，使得头部基本上悬挂在脊柱的前面，枕骨大孔在颅骨的后面。乍得沙赫人的枕骨大孔的位置更靠近中央且朝下，这意味着它的头部在垂直的颈部上方保持平衡，就像人类一样。这被广泛认为是乍得沙赫人和人类一样是两足动物的标志。因此，乍得沙赫人直立行走的证据是令人信服的，但有些间接。但对于早期古人类的下一个候选对象奥罗林人，情况就不是这样了。

奥罗林人的样本来自于肯尼亚卢克诺的 600 万年前的遗址，由比乍得沙赫人更支离破碎的颅骨遗骸组成，但一根股骨（大腿骨）是已知的。股骨具有两足动物的特征，与南方古猿十分相似，如约翰的插图（第 47 页）所示。奥罗林人与乍得沙赫人（以及后来的人类）一样，都有很小的犬齿，但它与乍得沙赫人还有其他的不同之处，这使得大多数研究人员相信奥罗林人是一种独特的早期古人类。目前尚不清楚其中一个是否接近人类的实际祖先，或者它们是否是代表人类直立行走早期“实验”的侧支，但它们是人族。

我想用地猿来完善一下本篇介绍。地猿有两种，但最著名的是始祖地猿（拉密达地猿），约翰绘有插图（第 48 页和第 49 页）。始祖地猿是一种 440 万年前的古人类，最著名的化石来自埃塞俄比亚的阿拉米斯遗址。我们有许多地猿化石，包括一副不完整的骨架。它是人类，是两足动物，还可能是南方古猿的祖先，在下一章中你们将见到南方古猿。

地猿的牙齿与南方古猿的牙齿非常相似。地猿的臼齿一般要比南方古猿小，而门牙，特别是犬齿，要比大多数南方古猿大，但与现存的类人猿和化石类人猿相比，还是要小一些。四肢的比例介于猿类的长臂短腿和现代人的短臂长腿之间。在这一点上，它与南方古猿类似，尽管在手臂变短、下肢变长的趋势上没有走得那么远。骨盆也类似于南方古猿，有着宽而短的髂骨(髋骨的刀片状部分）。正如下一章所述，这对人类的两足行走至关重要。与四肢比例一样，它的髋骨也不如南方古猿像人类，但看起来一点也不像现存类人猿的细长髋骨，这也清楚地证明了地猿是一种两足动物。地猿的许多其他属性也与南方古猿相同，但有一个显著的区别：大脚趾，也叫大拇趾。

当我还是个学生的时候，就知道所有人类的大拇趾都必须是内收的，而不是外展的。内收的拇趾与其他脚趾对齐，面向前方，不能抓握，不太能左右移动。这很有道理，因为人类的拇趾是人在走路时身体中最后离开地面的部位，它需要很大且相对固定，以承受身体质量和加速度传递的应力，并允许下肢肌肉有效地推动身体向前运动。没有内收的拇趾，你不可能成为一个双足行走的人。错！这儿就有另一个例子，美好的理论被不容忽视的事实挫败的例子。地猿和类人猿一样，有一个外展的大拇趾，能够抓握并指向对面的脚（而不是朝前和其他脚趾平行）。跟现存的类人猿一样，地猿可以用脚抓住树枝，但它的其他脚趾比类人猿的要短，因此它的树栖能力可能比我们从现存的类人猿身上观察到的更差。我们不能确切地说明地猿是如何使用拇趾的，因为还不清楚整个脚部情况，但看起来确实是地猿在没有内收大拇趾的情况下成功地成为了一种两足动物。很可能它能用脚抓住树枝，比南方古猿更擅长攀爬，但考虑到它的髋骨的形态，这些机制使它成为一种高效的两足动物。

人类保留了许多与非洲猿特殊关系相关的属性。在成为两足动物之前，我们一定经历了悬吊和关节行走的阶段，这解释了我们与猿类表亲的巨大相似之处。我们内心和外在的猿性，在这本书中都得到了很好的展示。这种结合了美学上动人和技术上精彩的图像是具有达 · 芬奇风格的。和我所看到的任何东西一样，表明我们的生物学和行为的本质要归功于我们与类人猿的共同祖先。这是古人类学的重要信息之一。我希望它们能激励读者认识到人类进化的不可否认的事实，以及从猿到我们人的自然的、生物学的转变。

左图:
雄性婆罗洲猩猩面部表情肌肉。石墨，木板

下图:
雄性婆罗洲猩猩。钢笔，墨水，石墨

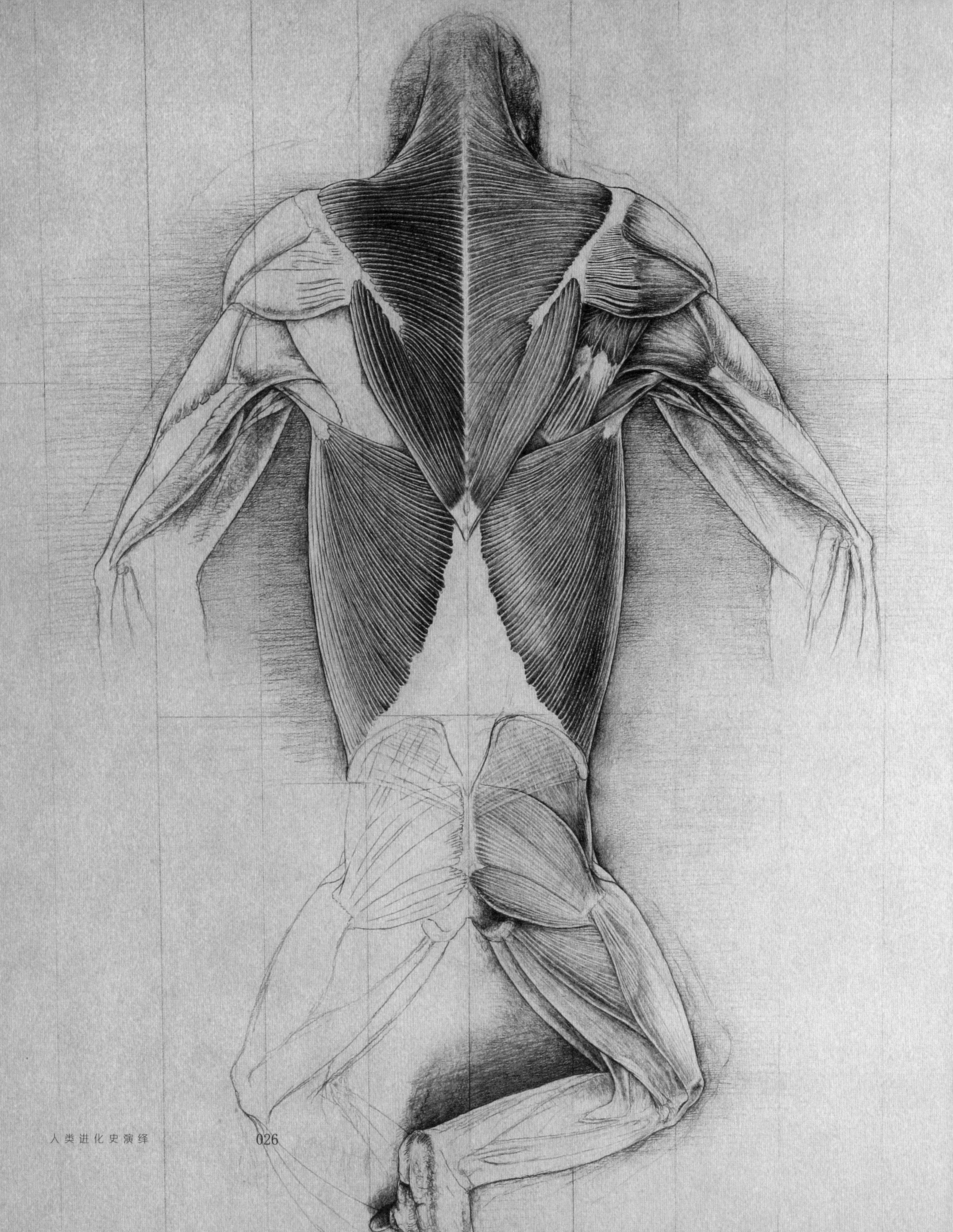

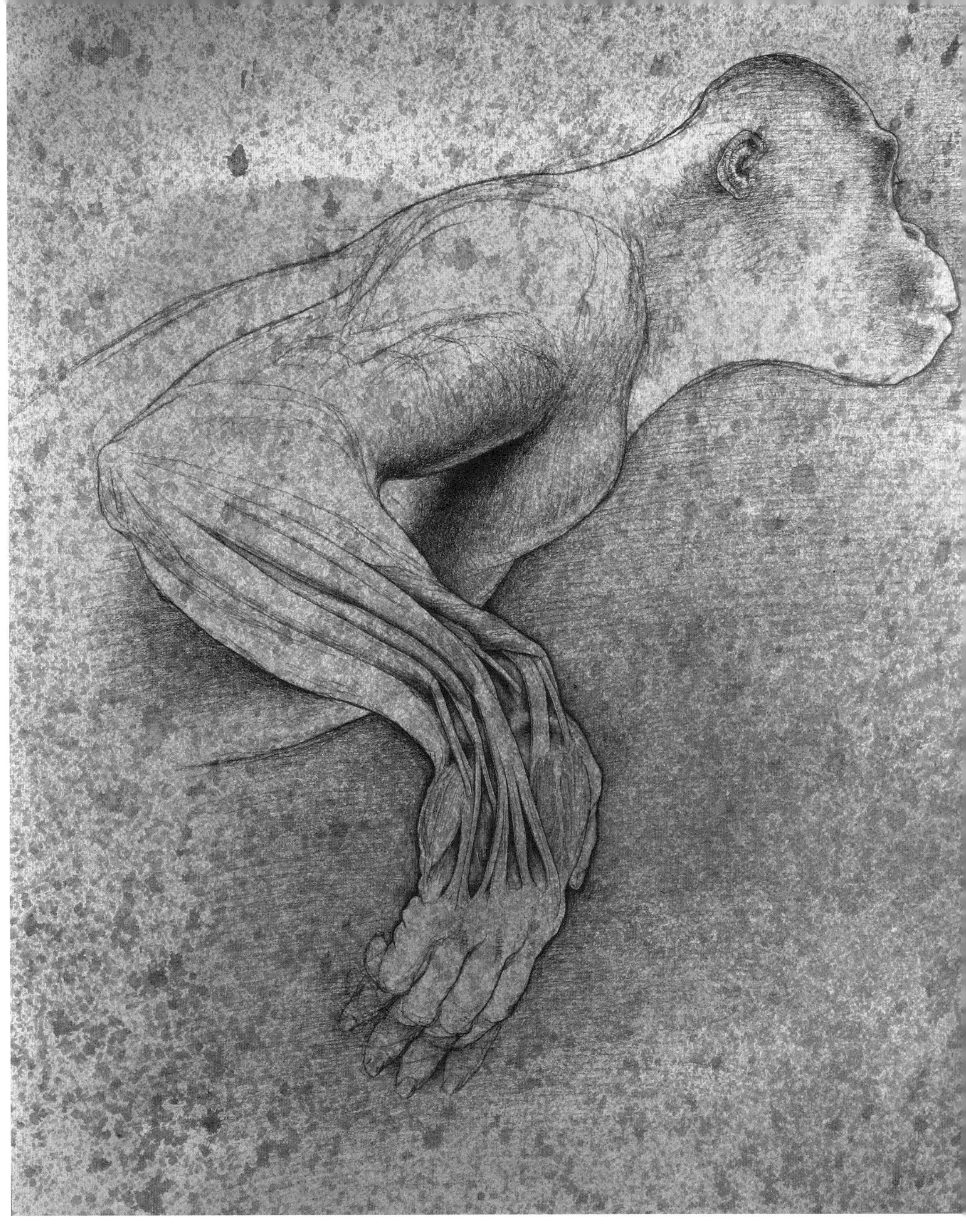

上图:
雌性婆罗洲猩猩前臂和手部肌肉。石墨，丙烯涂层画板

左图:
雌性婆罗洲猩猩背部肌肉。石墨，画纸

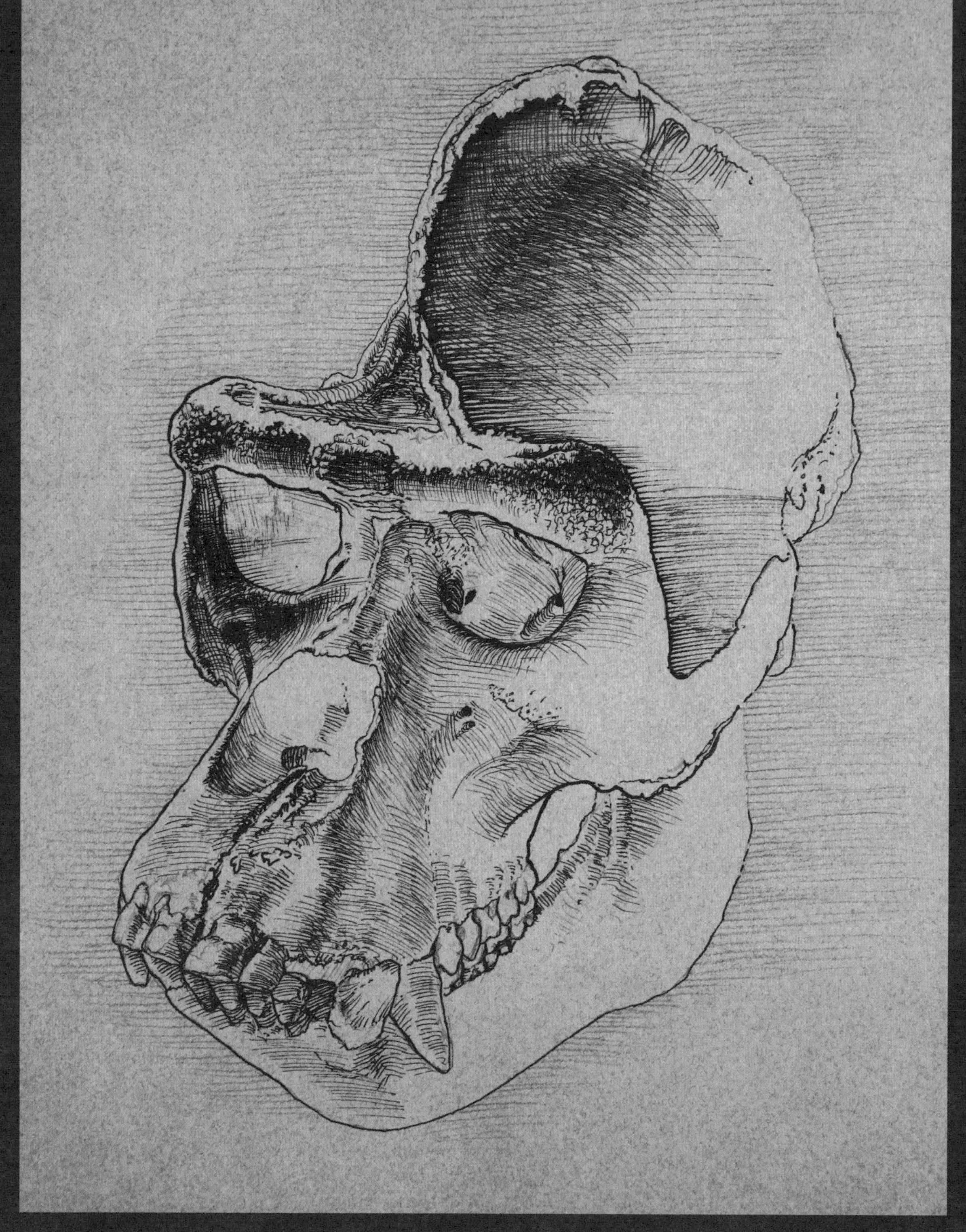

上图：
雄性大猩猩头骨。钢笔，墨水，画纸

右图：
大猩猩面部表情肌肉。石墨，钢笔，墨水，木板

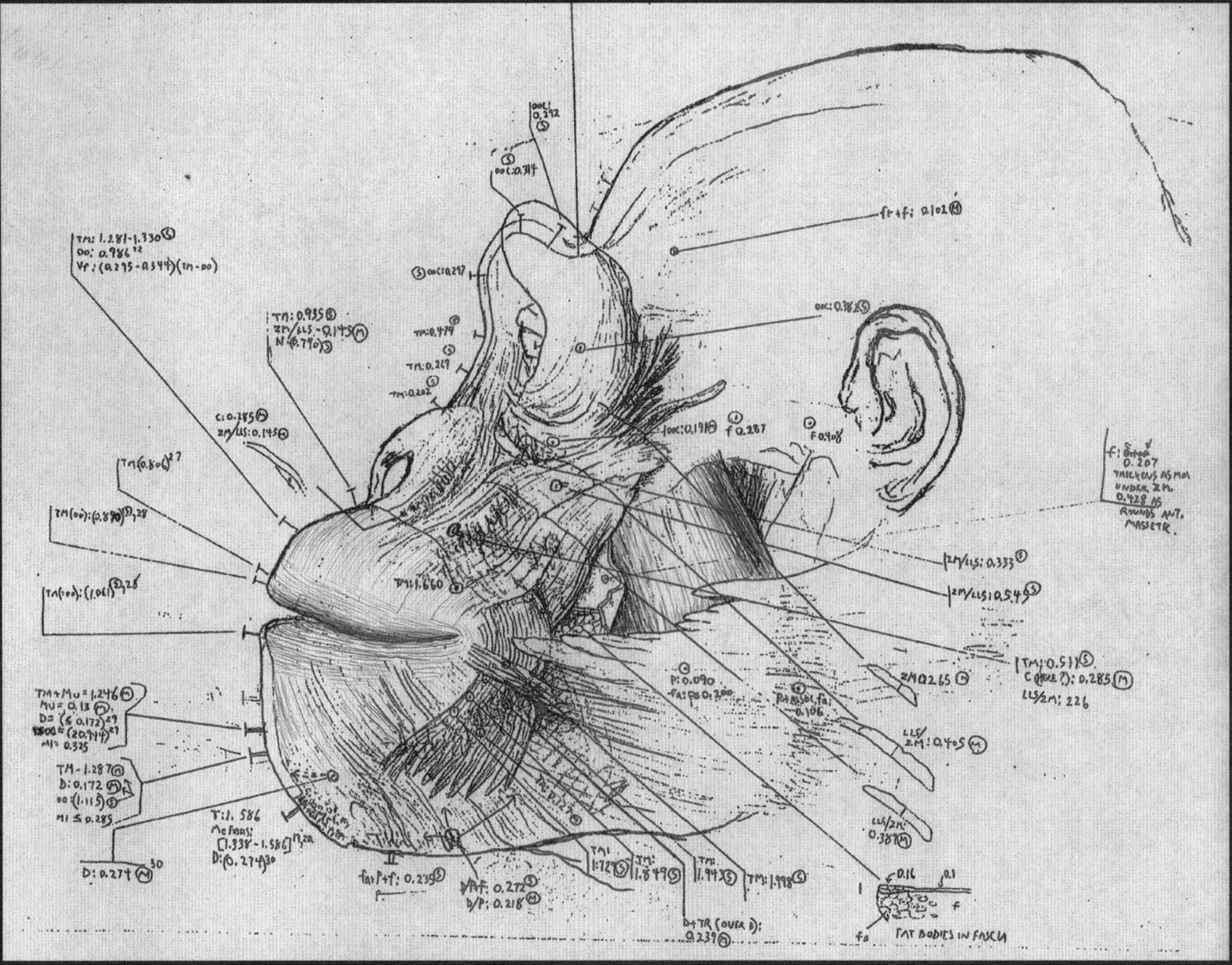

上图:

大猩猩面部肌肉。石墨，钢笔，墨水，数码处理

下图:

非洲猿类面部肌肉整体剖面图。石墨，钢笔，墨水，木板，数码处理

右图:

怀孕的倭黑猩猩。钢笔，墨水，木板

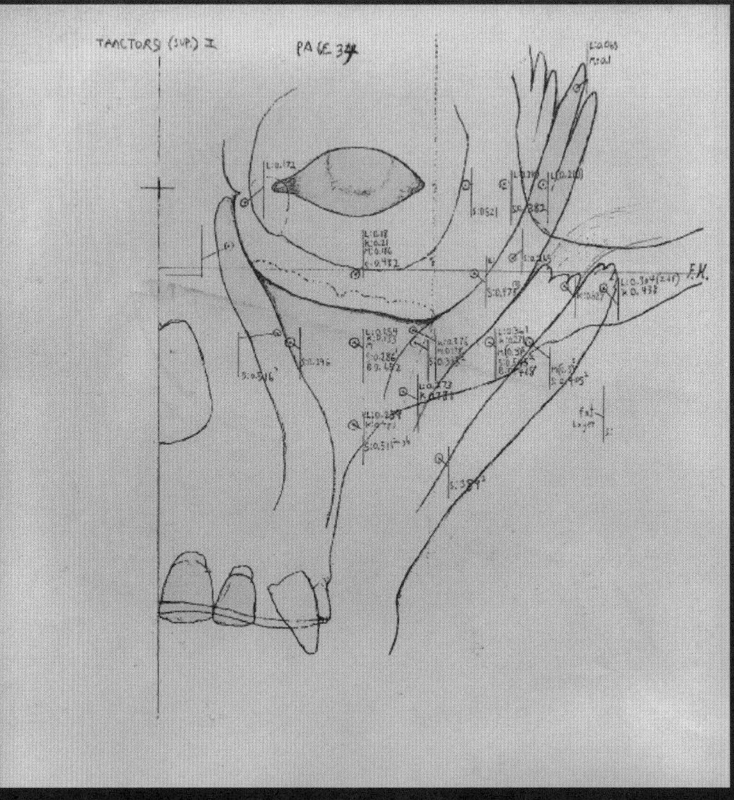

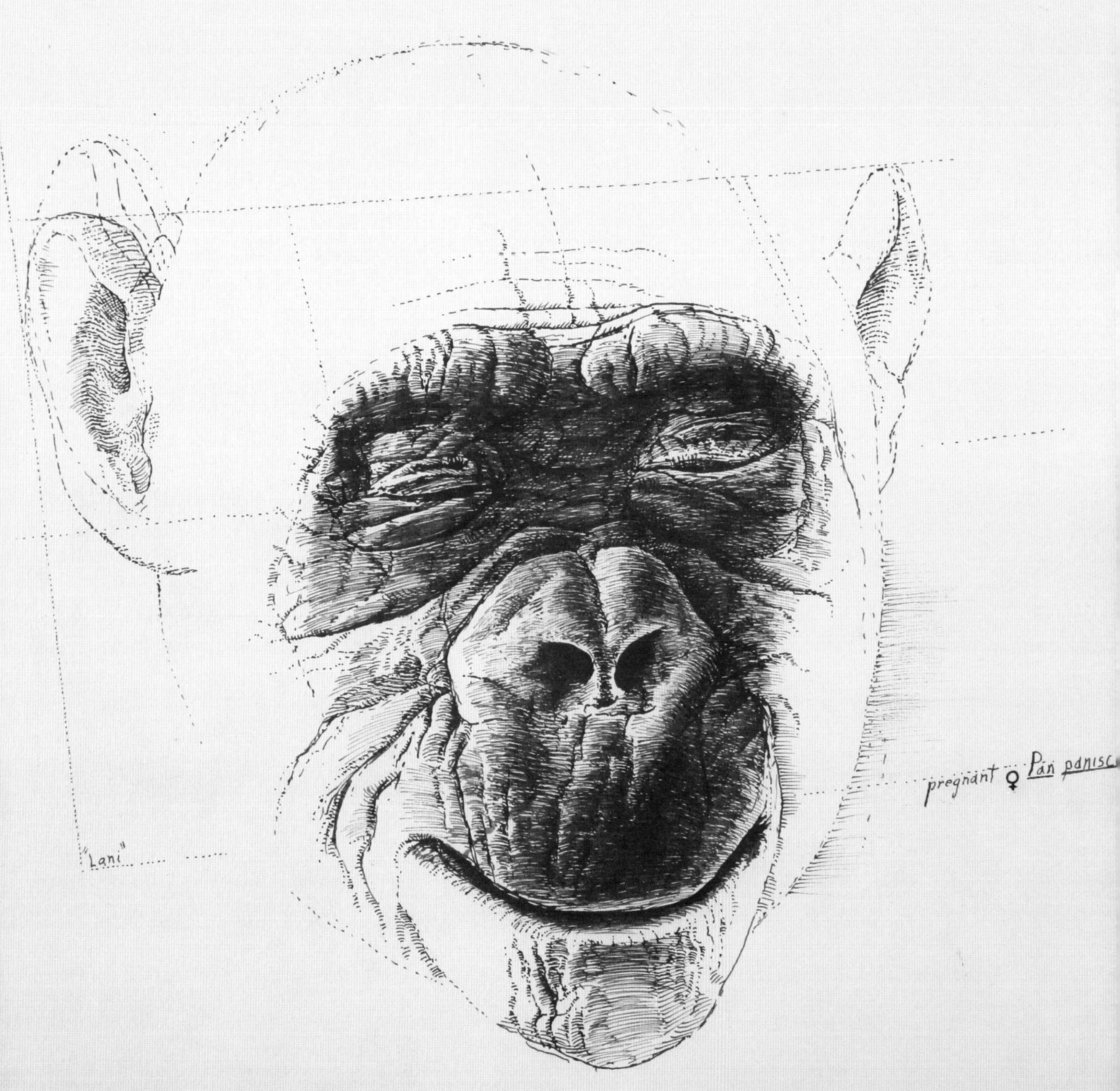
"Lani"
pregnant ♀ Pan panisc

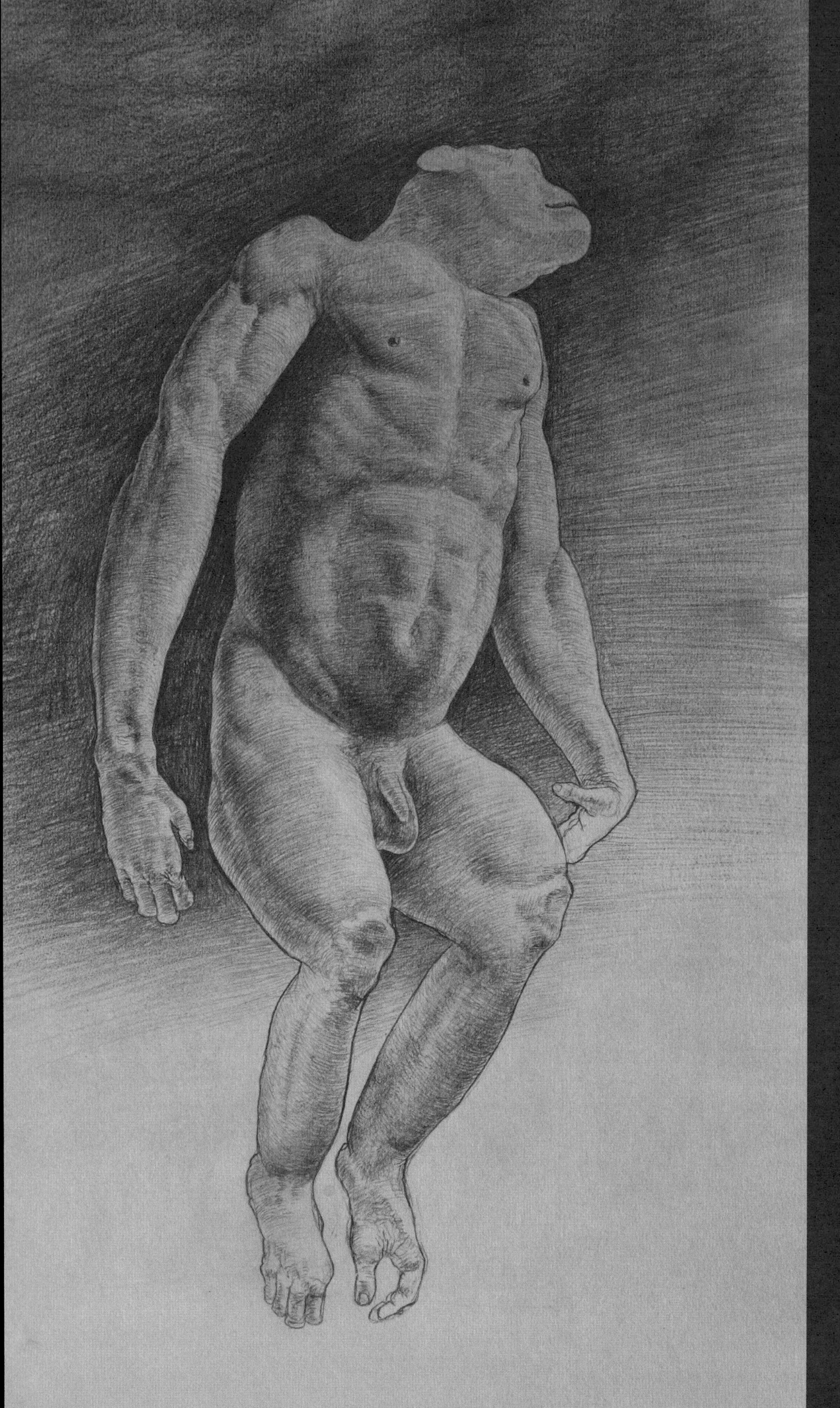

左图：

雄性倭黑猩猩

丙烯涂层画板

右图：

雌性倭黑猩猩

彩色卡纸

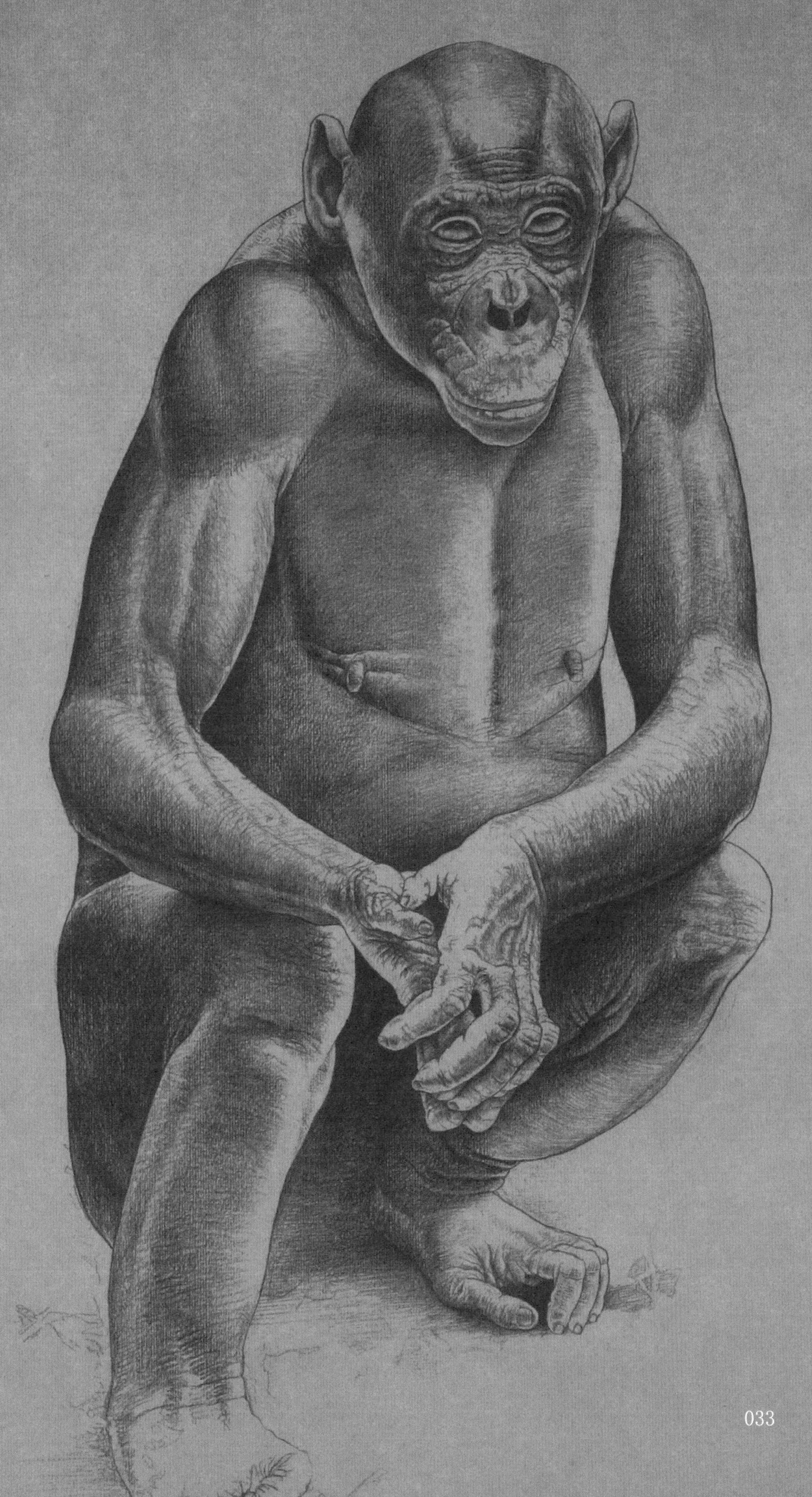

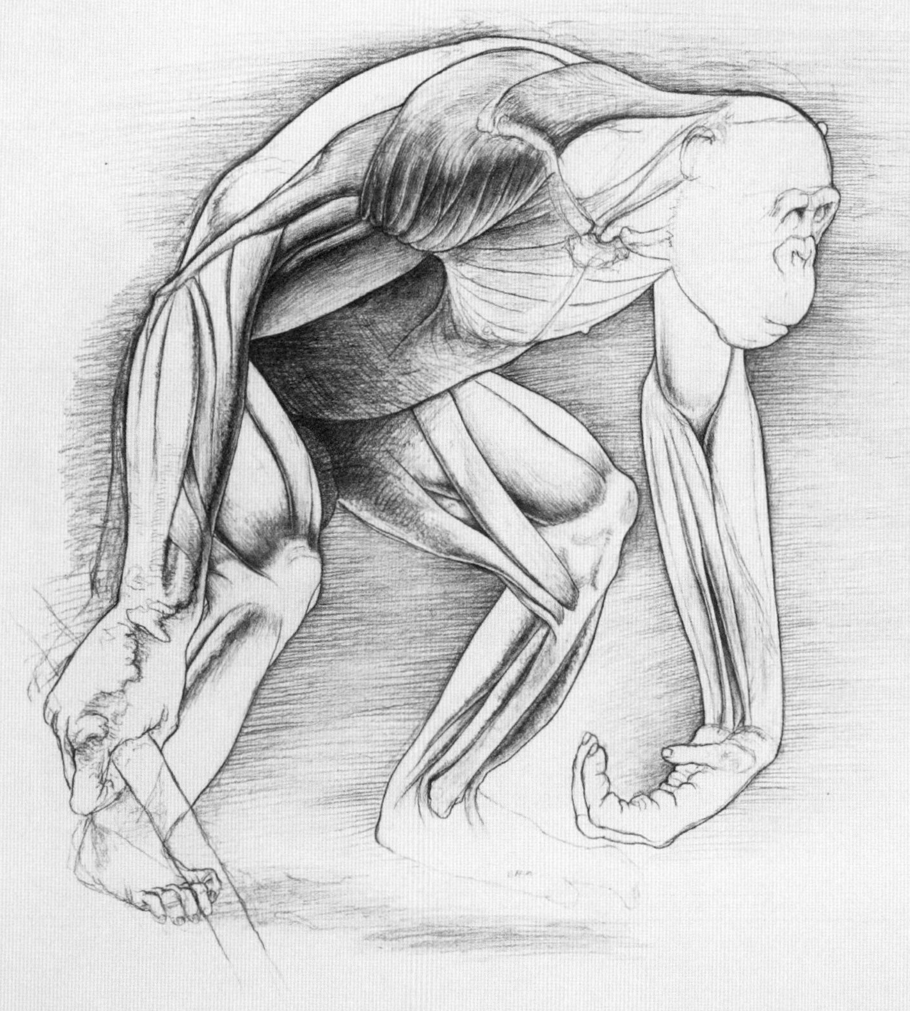

上图：
雄性倭黑猩猩肌肉结构。石墨，木板

右图：
“维特鲁维亚黑猩猩”。雄性黑猩猩身体比例。钢笔，墨水，丙烯涂层画板

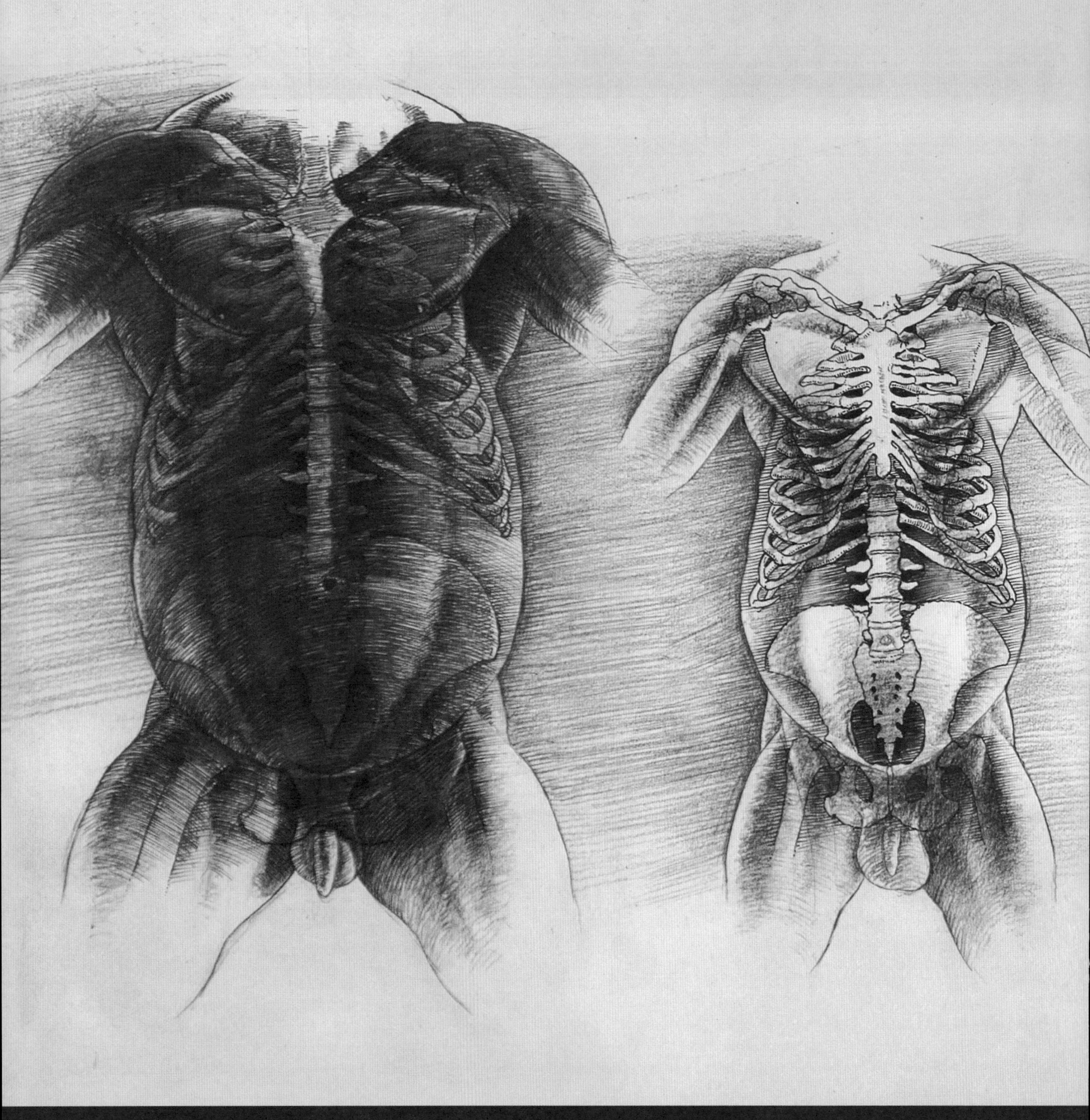

上图：

非洲猿和古人类躯干剖面图。从左到右，

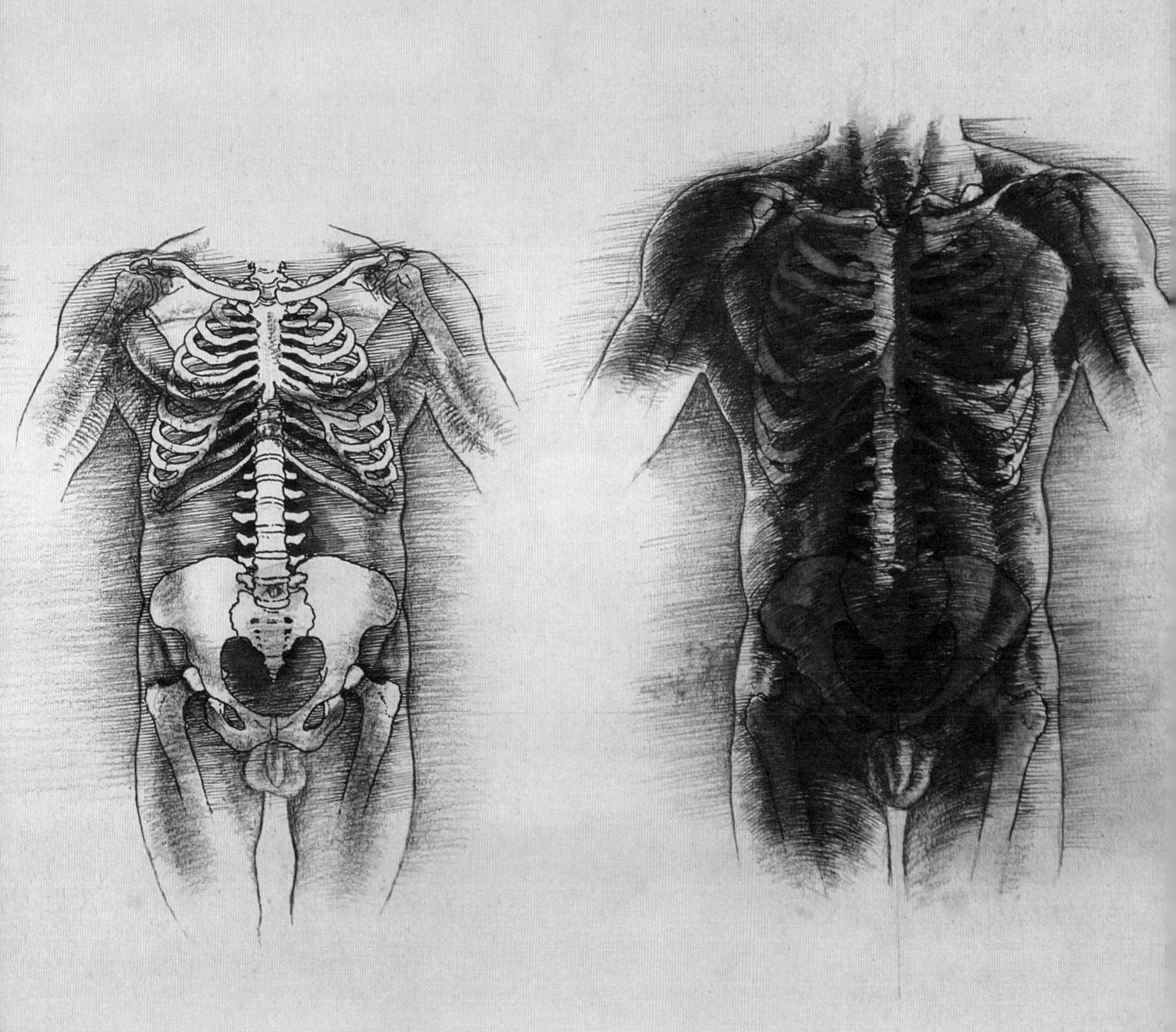

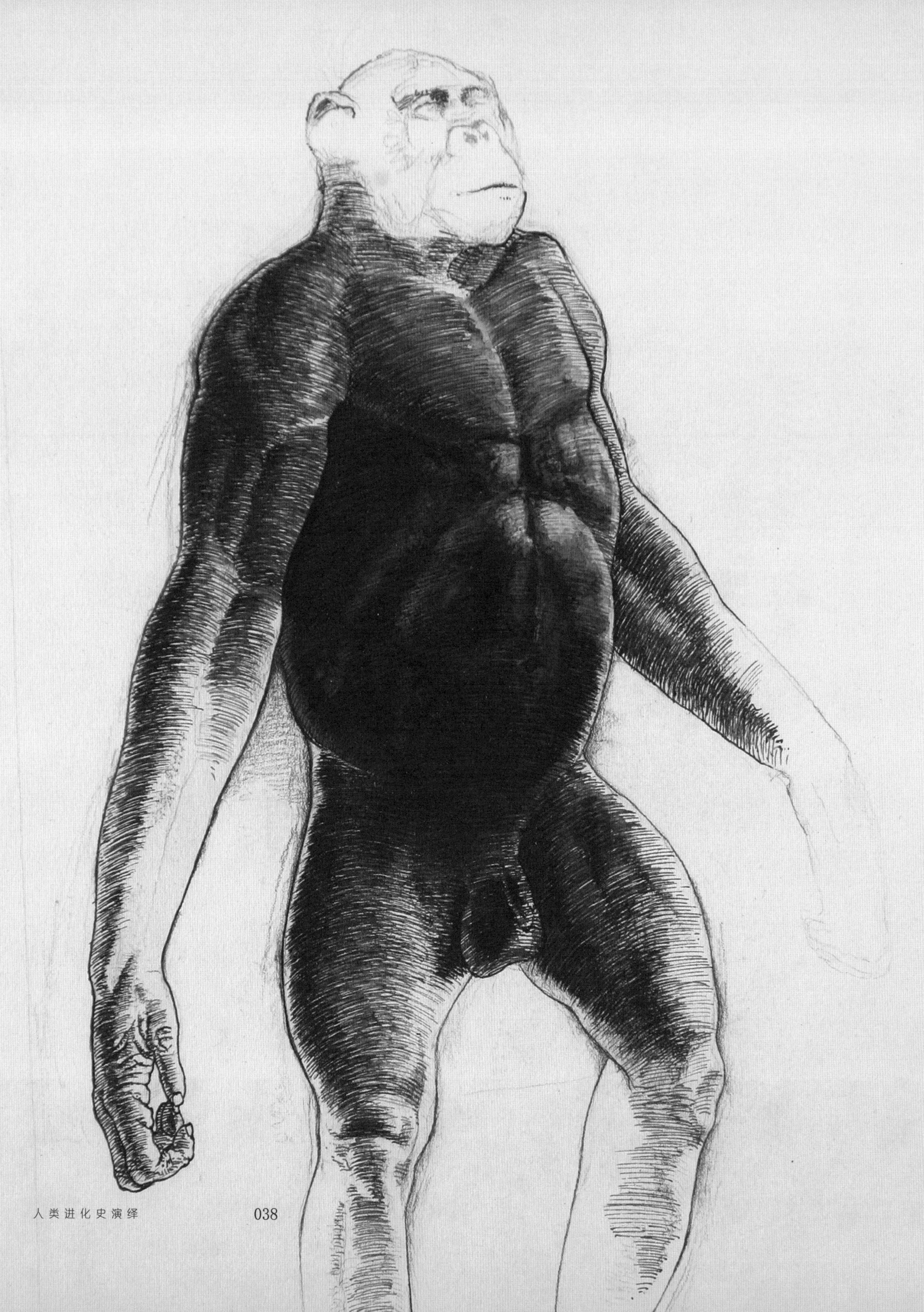

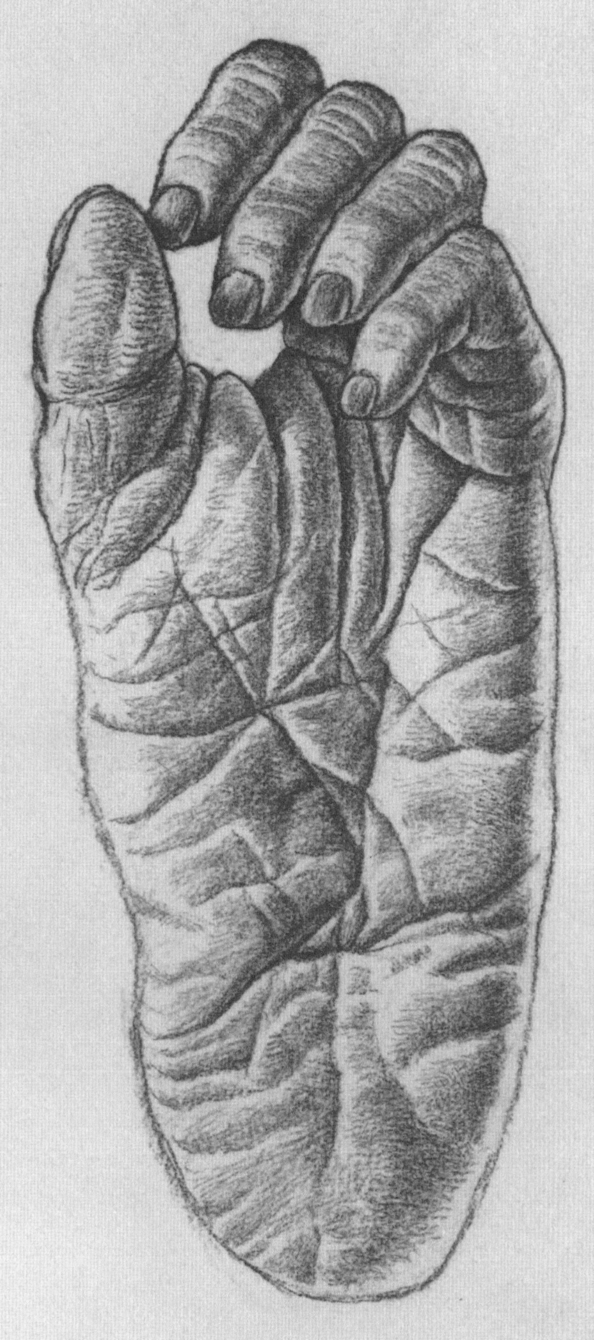

上图：
倭黑猩猩足部。红粉笔，画纸

左图：
雄性黑猩猩。钢笔，墨水，石墨，木板

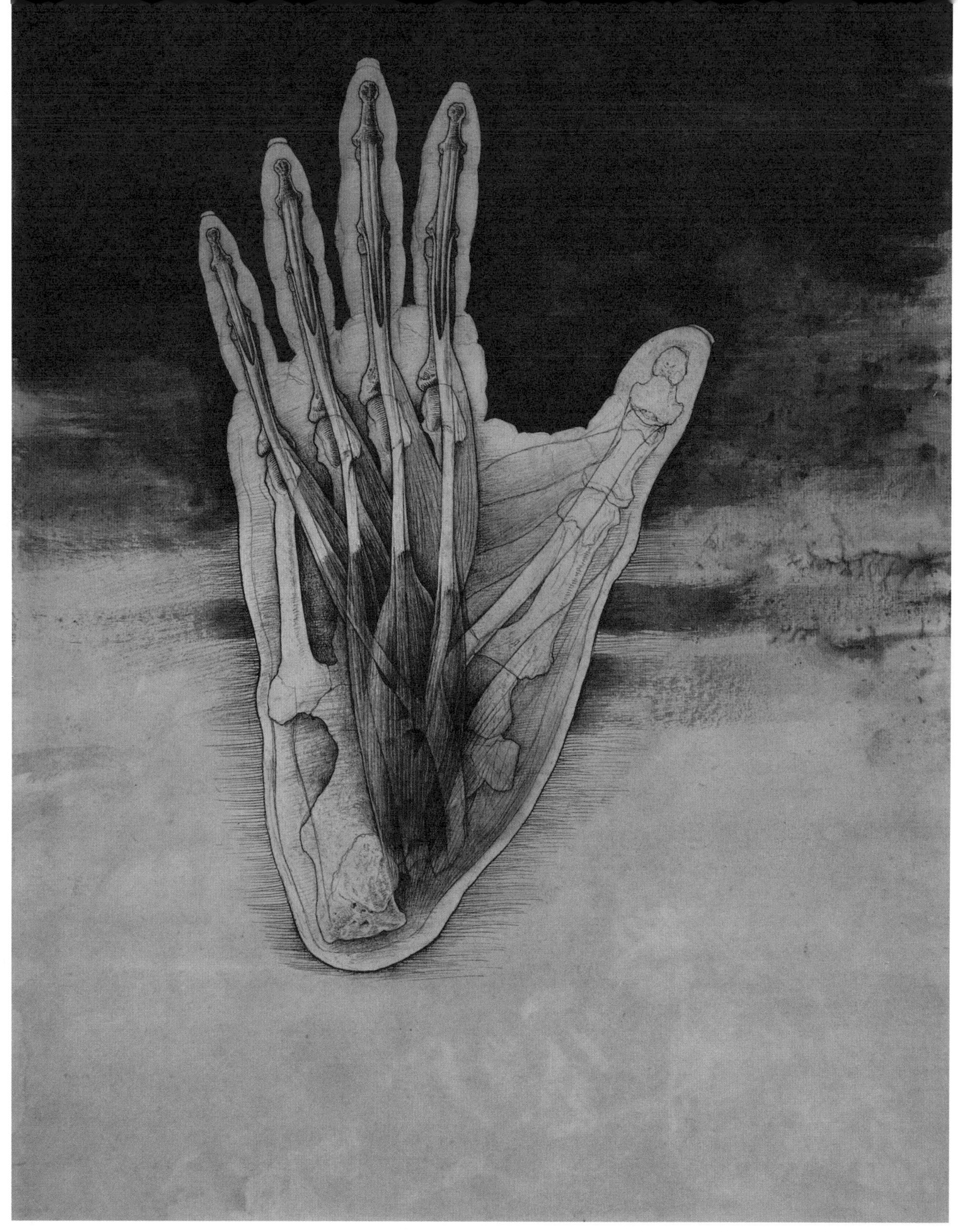

上图：
倭黑猩猩脚部肌肉。钢笔，墨水，石墨，丙烯，木板

右图：
雄性倭黑猩猩足部。钢笔，墨水，石墨，木板

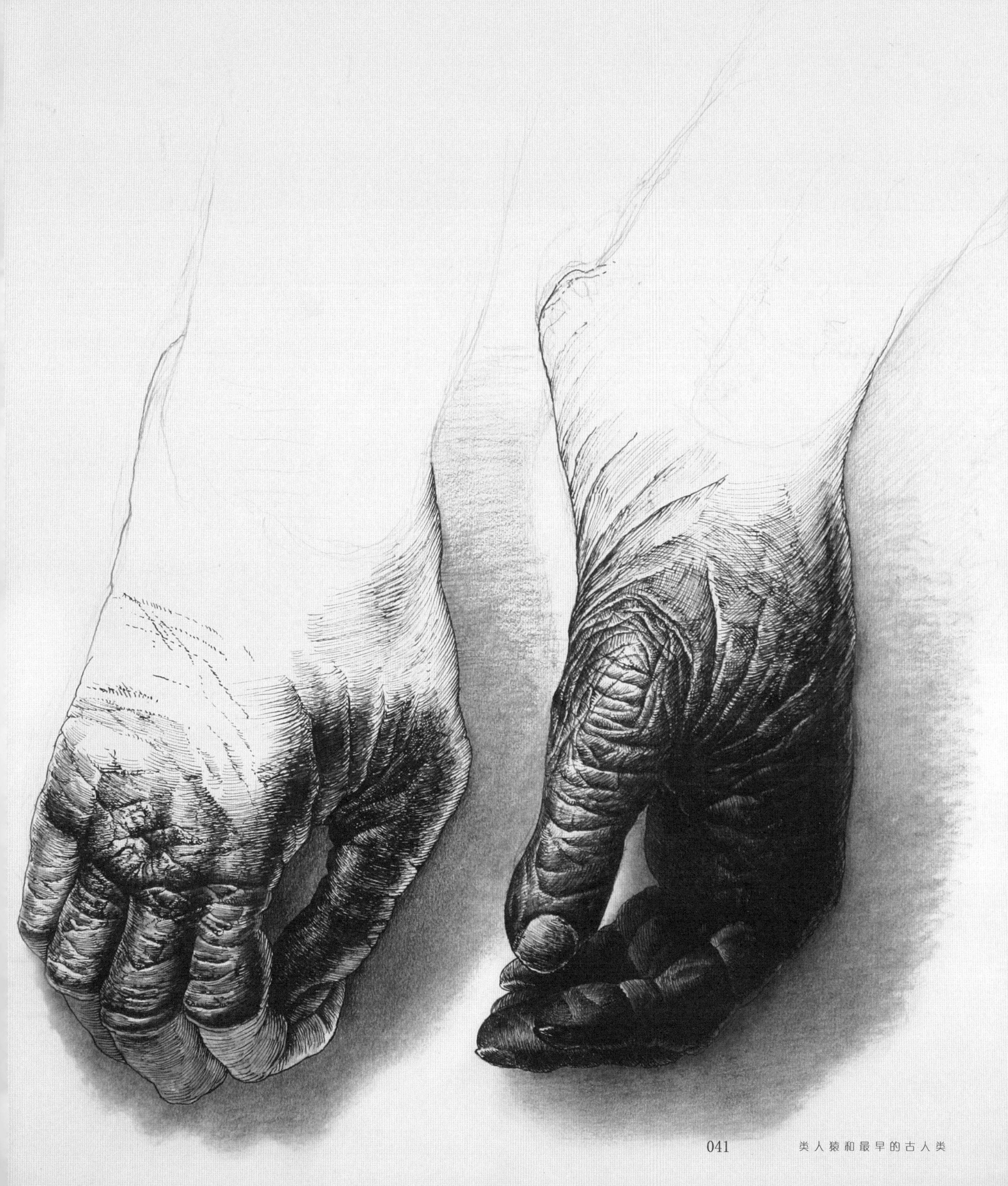

下图:
黑猩猩大拇趾肌肉。石墨，钢笔，墨水，丙烯涂层画板

右图:
雌性凶牙利鲁达皮修斯猿头盖骨。石墨，画纸

第 44 页图:
欧兰猿头盖骨。石墨，墨水，丙烯

第 45 页图:
西班牙猿头盖骨。石墨，墨水，丙烯

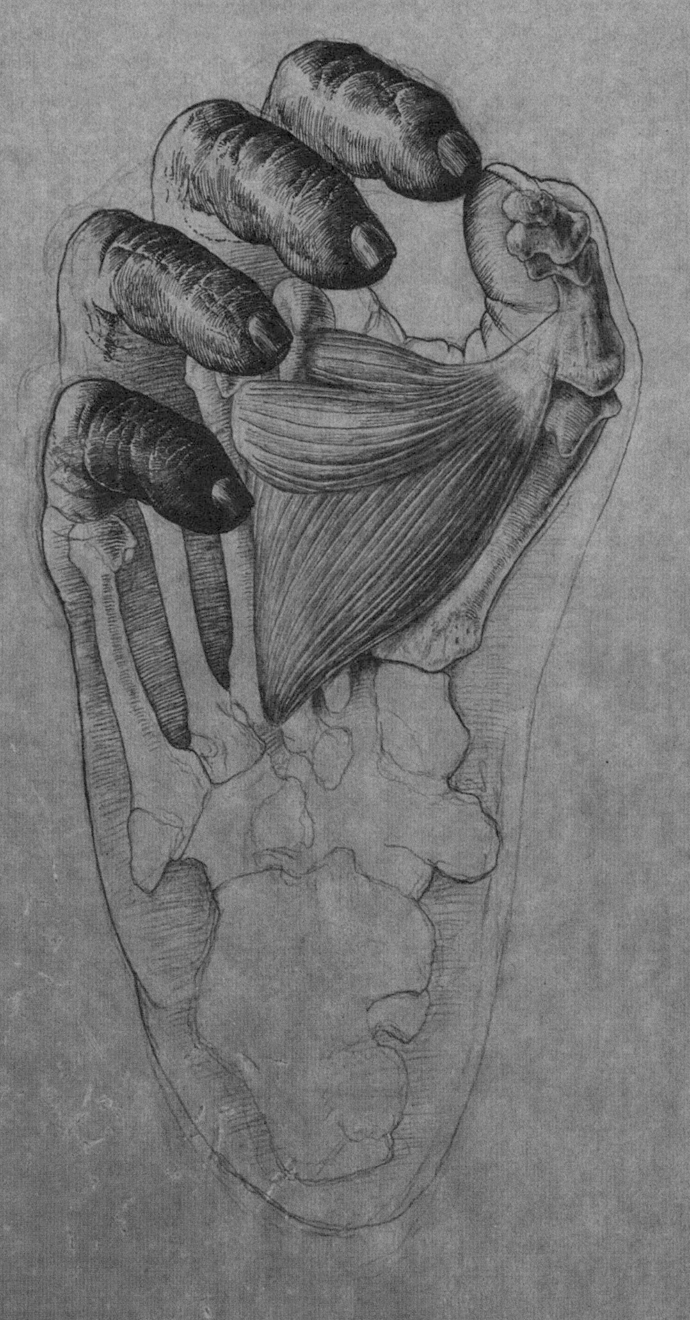

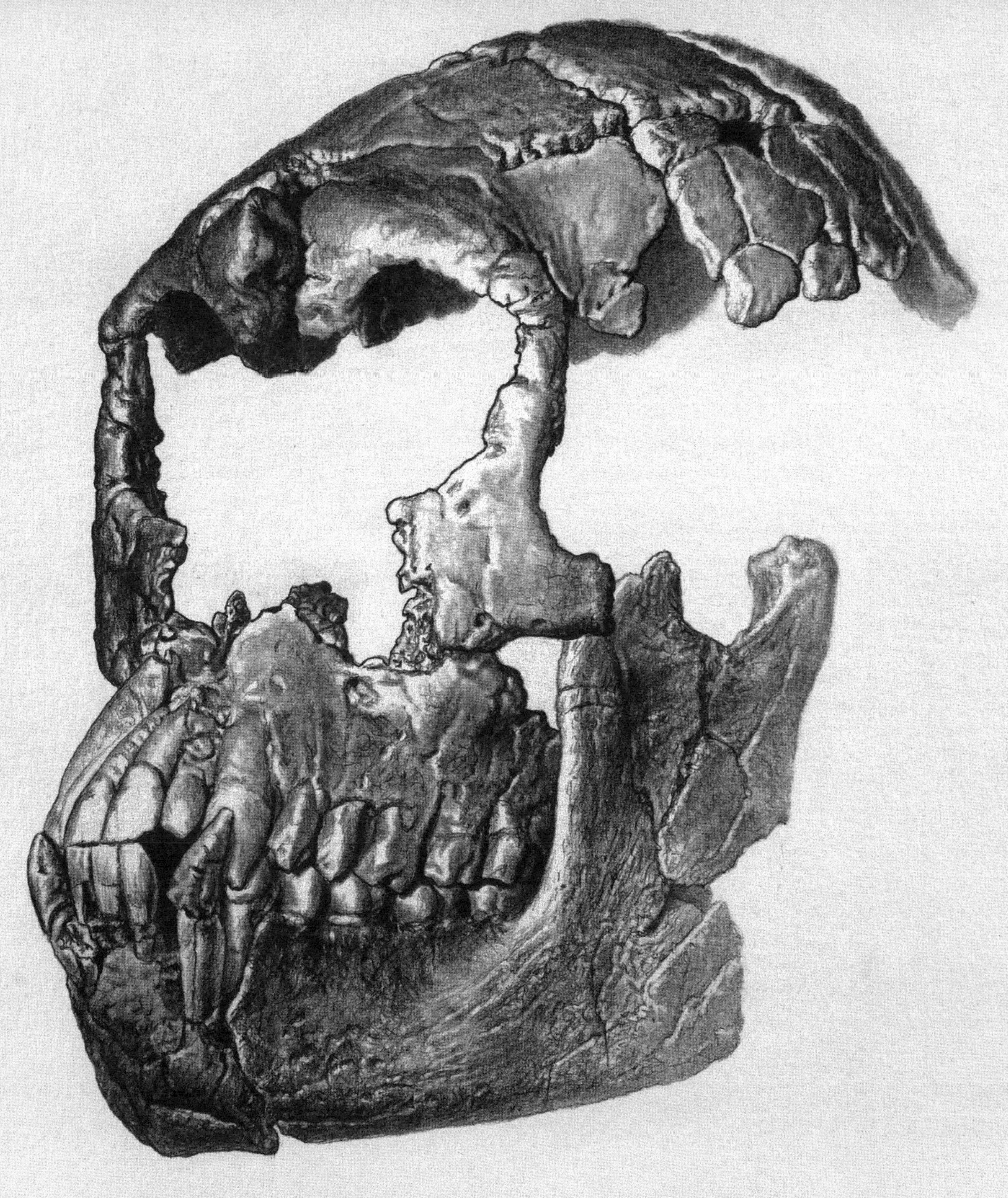

上图：

乍得沙赫人。石墨，墨水，丙烯

右图：

图根原人股骨（红色），阿法南方古猿股骨，罗百氏傍人股骨和早期人属（物种未定）股骨，置于行走的古人类画面之上。数码作品，叠加钢笔、墨水。基于布莱恩·里奇蒙的摄影作品

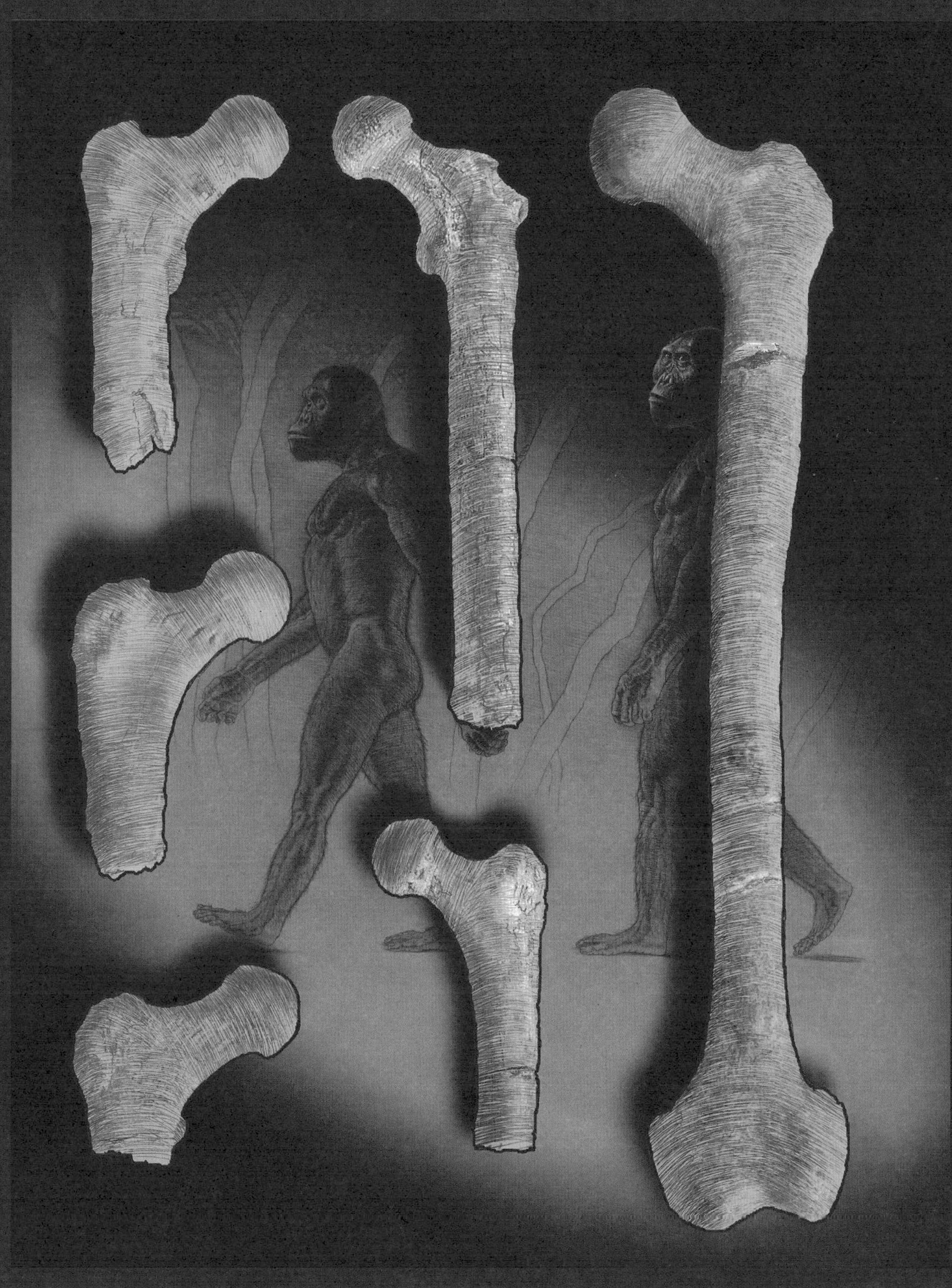

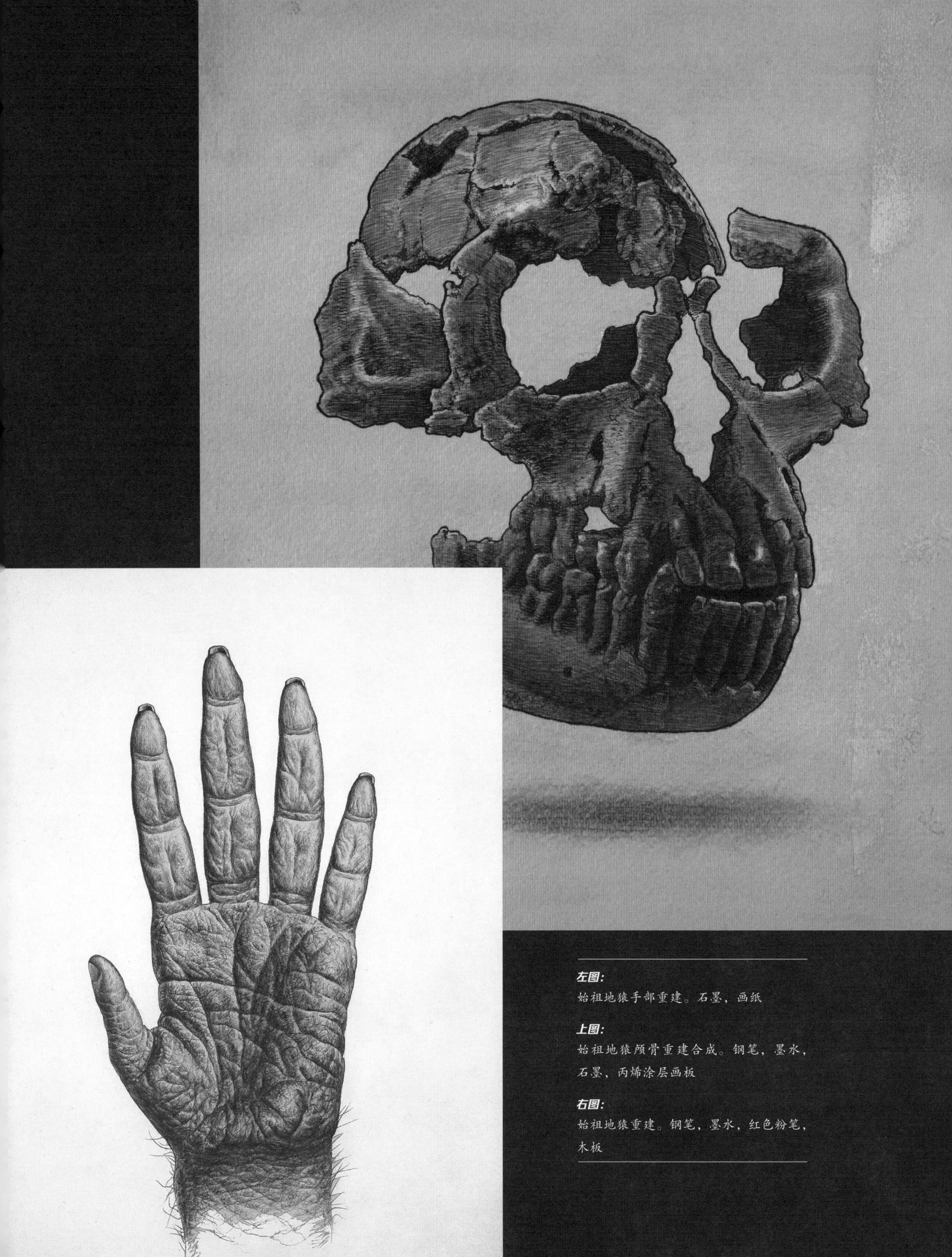

左图：

始祖地猿手部重建。石墨，画纸

上图：

始祖地猿颅骨重建合成。钢笔，墨水，石墨，丙烯涂层画板

右图：

始祖地猿重建。钢笔，墨水，红色粉笔，木板

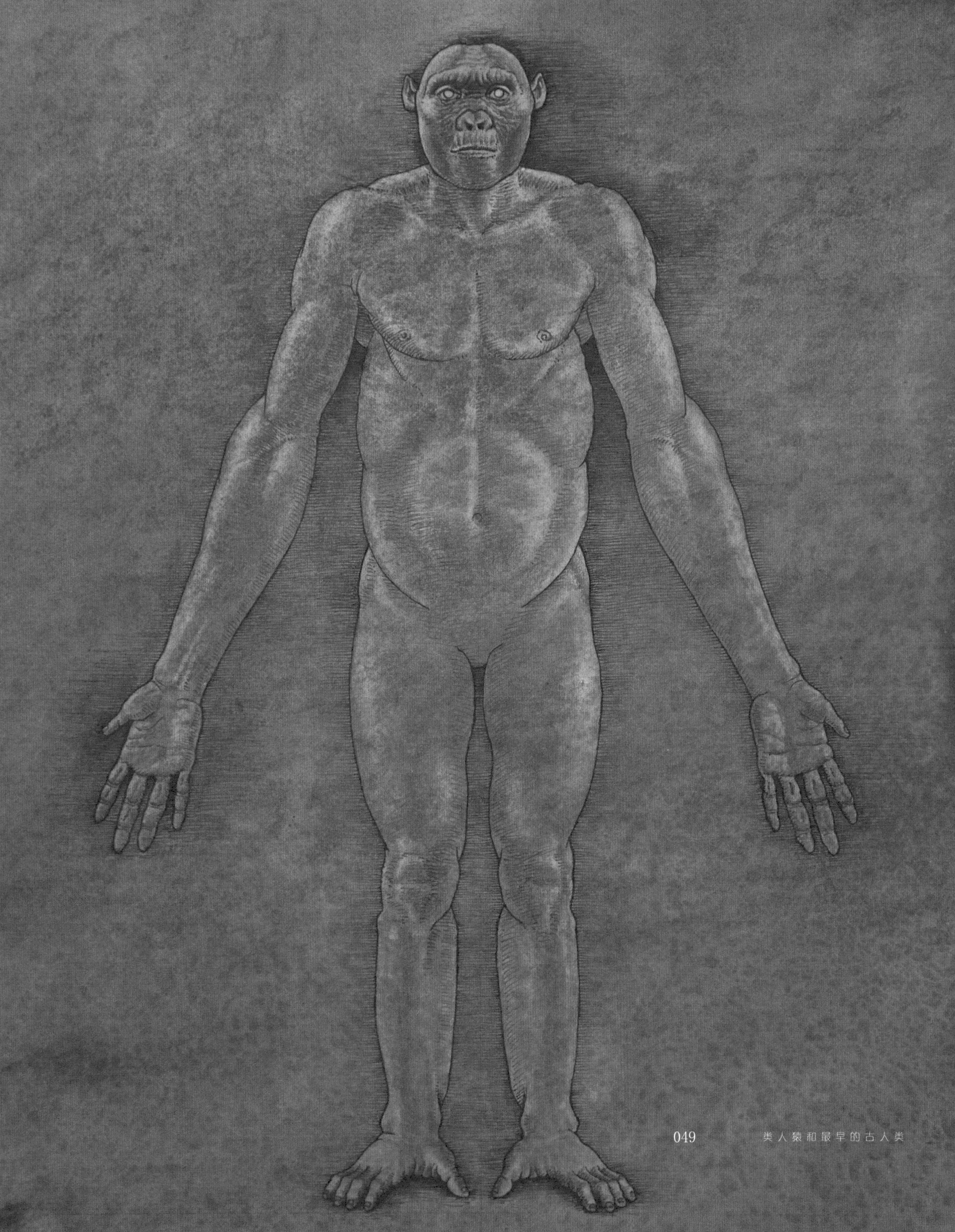

2

LOST ANATOMIES

卡罗尔 · 沃德
Carol Ward

AUSTRALOPITHS
南方古猿

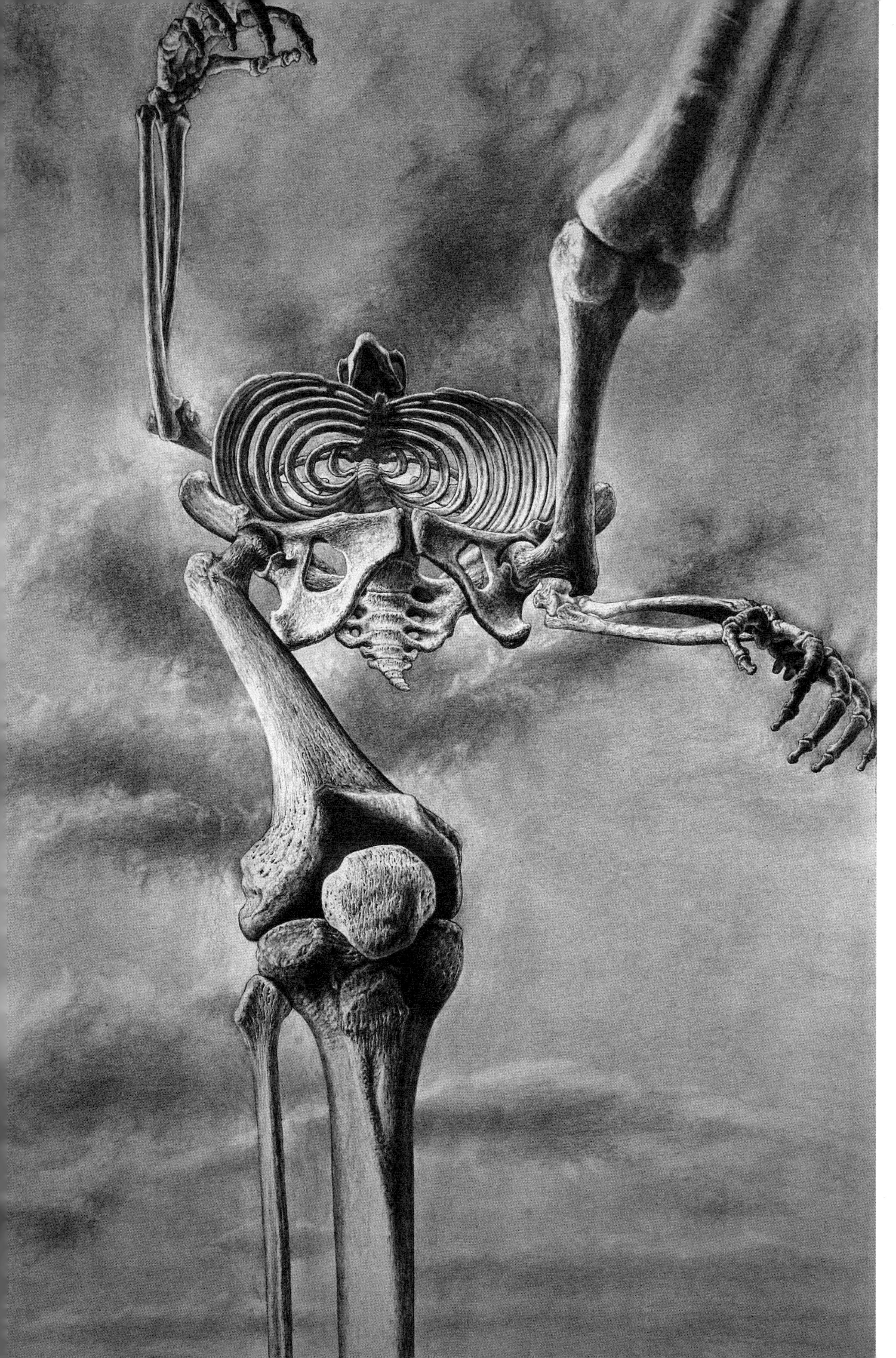

第 51 页图：
“登山者”。雄性阿法南方古猿。钢笔，墨水，丙烯涂层画板

左图：
雌性阿法南方古猿。露西骨架为重建，呈迈大步姿势。石墨，木板

没有什么比第一次看到一块新的古人类化石更令人惊叹了。作为一名科学家，我在探索标本的解剖细节时获得了极大的乐趣，比如观察颧骨的位置，看看牙齿是如何成形的，或者肌肉附着面积有多大。但当我做这一切的时候，我被更宏大的想法所震撼。我手里拿着的化石是数百万年前漫步在非洲的一个活生生的、有呼吸的个体的一小部分，不同于今天生活在地球上的任何一个个体。当我在研究著名的露西骨架时，我强烈地感受到了这一点，露西骨架是一个成年雌性南方古猿的一部分（第 64 页和第 56 页）。她是一种什么样的生物？她的头发是什么样的？她的皮肤？她的眼睛？她是如何打发时间的？她是用棍子钓白蚁，还是在干燥的日子里用树叶从小水坑里摄取珍贵的水分？她是如何迎接分别后再次见面的伴侣、孩子或族人的？当她遇到陌生人时，会有什么反应？当她呼唤她的亲人时，她的声音是什么样的？她开心的时候会露出微笑吗？她会哈哈大笑吗？我们永远不可能完全知道类似这样的问题的答案，但我们可以从化石记录中开始形成一张像露西这样个体的图像。

化石记录就像一个缺失了大部分碎片的拼图。我们现在没有、将来也不会拥有能看到整个图像所需要的所有碎片。我们将只能在这里或那里得到一些碎片，必须用这些零零碎碎的片段来推断整个图像。是的，我们有成千上万块代表我们祖先的化石。是的，我们有代表着几个物种的大部分骨头。我们甚至有局部的骨架。我们有来自男性、女性的骨骼，其中又有年轻人、老年人、体弱者和健康者的骨骼。但是，即使我们拥有许多物种个体的完整骨架，也不能得到我们最古老祖先的全貌。这就是我作为一名科学家的工作——从我们有幸拥有的碎片中重新创作一幅图像，也是本书的内容。利用我们已经拥有的化石，约翰正在创作一幅即将生成的人类

形态图像。

在那特定的时代和地点，我们如何成为人类的故事真正开始了。在那里，我们的一些祖先，在从更像猿的祖先分支出来后，至少在大多数的时间里，开始致力于在地面上生活，几乎是遇到什么就吃什么，并且用两只脚而不是四只脚从一个地方移动到另一个地方。我们最早采用这种生活方式的亲属就是我们称之为“南方古猿”的一组物种的成员，包括南方古猿属和傍人属。当然，也有更早期的古人类，但都没有完全接受这一系列的适应。正是在南方古猿物种的基础上，通过选择产生了人属，用我们复杂的社会行为、创新和普及的技术、卓越的沟通能力、非凡的大脑以及最终对地球的统治，为人类的发展铺平了道路。

南方古猿非常成功，他们迅速发展，形成了至少有 8 个物种的放射状分布，并对这些适应进行试验和修补，其中有一个物种几乎肯定进化成了我们的属——人属。他们占据了非洲中部、东部和南部，而且很可能还有更多我们没有找到化石记录的地区。他们生活在非洲，从 400 多万年前到近 100 万年前——大致是我们人类存在的约 600 万年时间的一半。从地质学角度来说，某些物种可能同时生活在同一个地区，有些就与早期人类一起生活。一些科学家推测，这些物种甚至可能时不时地相互影响。

所有的南方古猿都适应了一种坚定的陆地双足行走的生活方式。这并不是说他们不会爬树——事实上，为了寻找食物、逃避捕食者，甚至可能为了睡觉，他们肯定偶尔会爬树。但是他们的脚、腿、臀部、背部、颈部，甚至头都是专门用来适用双脚直立行走的。人的脚是在南方古猿基础形成的。他们的四肢发生了变化，在比例上已经很像我们的了，尽管他们的手臂和手仍然稍长了点，这反映了他们的猿人血统。

南方古猿放弃了能有效抓握和爬树的外展的大脚趾和灵活的脚，选择了僵硬的但推进力强的脚，大脚趾内收，与其他脚趾排成一条直线。这种类似人类的足部结构能使南方古猿的步伐轻快，使他们能够熟练地在地面行走（第 55 页和第 63 页）。这种结构的缺点是，像人一样的脚会严重损害他们在树上的敏捷性，对于携带婴儿的雌性来说问题尤其严重，因为这些婴儿本身没有大多数灵长目动物的抓握脚，无法抓住母亲的皮毛。光是这一变化就说明了在地面行走对于他们的生存和繁殖的成功是多么重要，即使是以牺牲一些攀登能力为代价。

作为双足行走特化作用的一部分，南方古猿形成了提携角（carrying angle，“膝内翻”），在行走时能每次将身体放置在一只脚上。也是在南方古猿身上，我们看到了宽阔的骨盆，可以更好地调整肌肉的位置，使身体在行走和跑步的过程中能每次保持单腿平衡。这些特征被人属继承下来了。在南方古猿的腰背部形成了一条曲线，以帮助保持直立的姿势（人属身上同样的脊柱弯曲现象在现代人久坐的生活方式下会导致无数问题）。始终坚持使用下肢行走也使南方

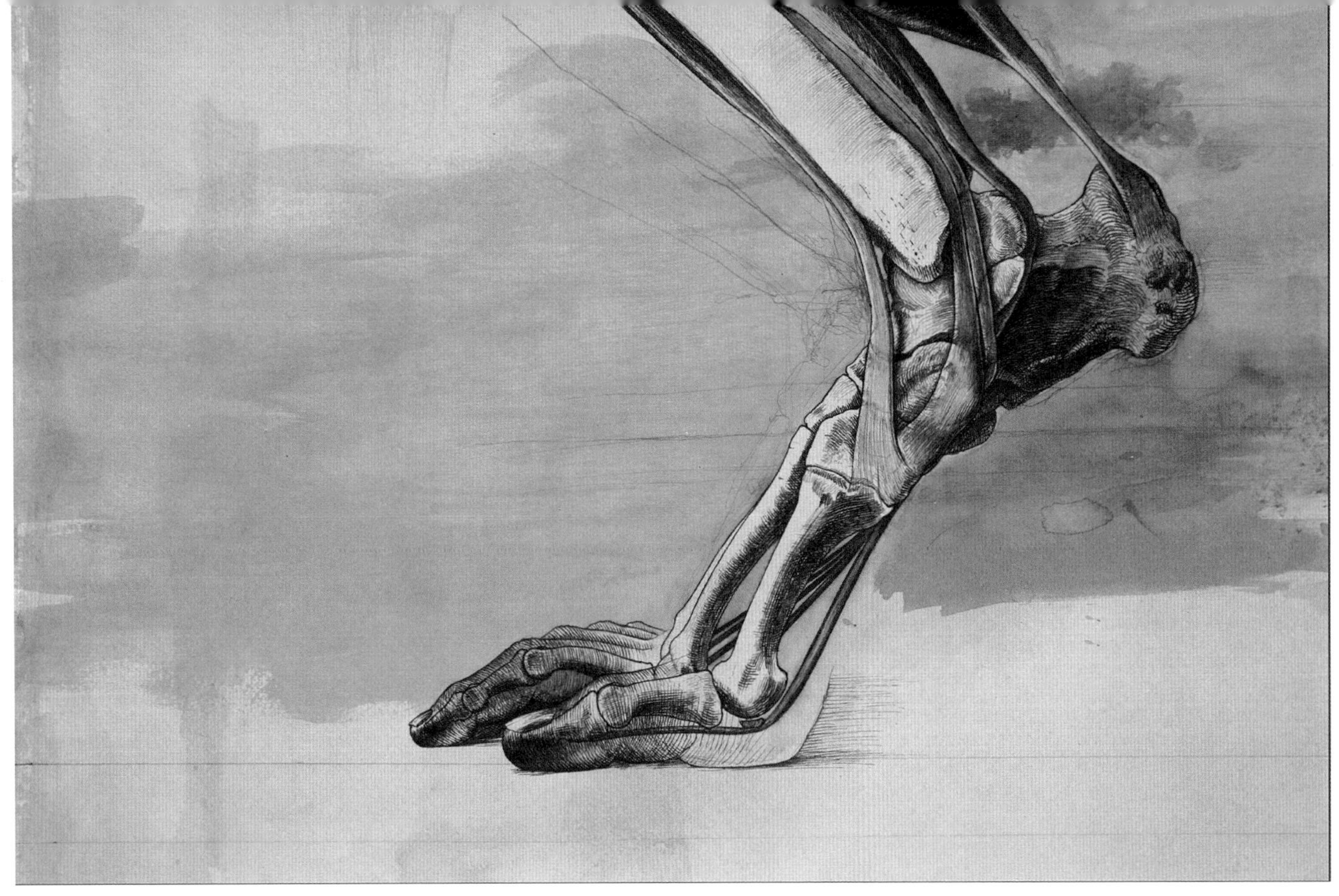

古猿的手臂和手能够专门用于抓取、携带和操控物体，也许不如我们用得那么好，但很接近了。

南方古猿可能会制作和使用简单的木头工具或其他易腐材料工具——毕竟黑猩猩、倭黑猩猩和猩猩现在都是这样做的。大约 350 万年前，一些古猿开始制作和使用石头工具。南方古猿很聪明，从比例上看，他们的大脑比猿类的大脑大一些，至少有一些类似人类的组织结构，尽管他们的大脑没有我们现在的大脑那么大或那么复杂。雄性的体型比雌性大得多，这告诉我们，他们将不得不争夺交配权，而不是实行一夫一妻制。他们并没有猿类那种大而突出的犬齿，所以他们可能仅凭体型和力量进行战斗，甚至可能使用棍子和石头。几乎可以肯定他们是群居动物。

南方古猿可能是杂食动物，饮食差异很大，全年都吃水果，可能还会在能吃到的地方吃一些肉，还有坚果、草籽和块茎。他们强壮的下颚和巨大的牙齿使他们能够食用猿类无法食用的食物。猿类是专门吃水果的。水果长在树上，树木长在森林里，由于全球变得又冷又干燥，在大约 500 万年前开始的上新世时期，非洲的森林面积就一直在萎缩。与猿类不同，南方古猿能够充分利用这种日益变化的栖息地，用他们独特的方式在地面上从一处移动到另一处，并且能用他们遇到的几乎任何东西来制作食物。这使他们比猿类有优势，从长远来看起着重要作用，

上图：
阿法南方古猿重建足部解剖。石墨，墨水，丙烯，木板

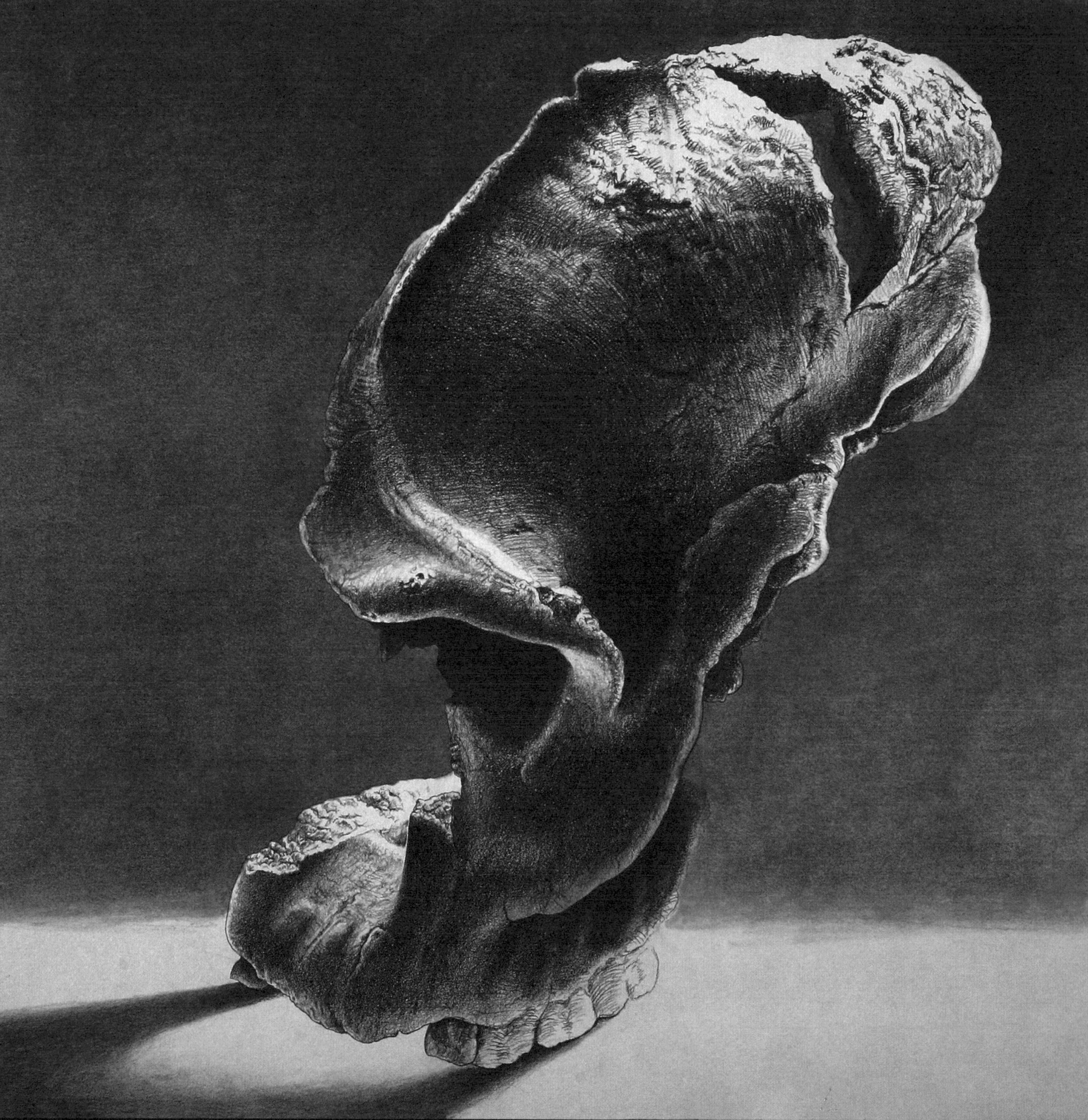

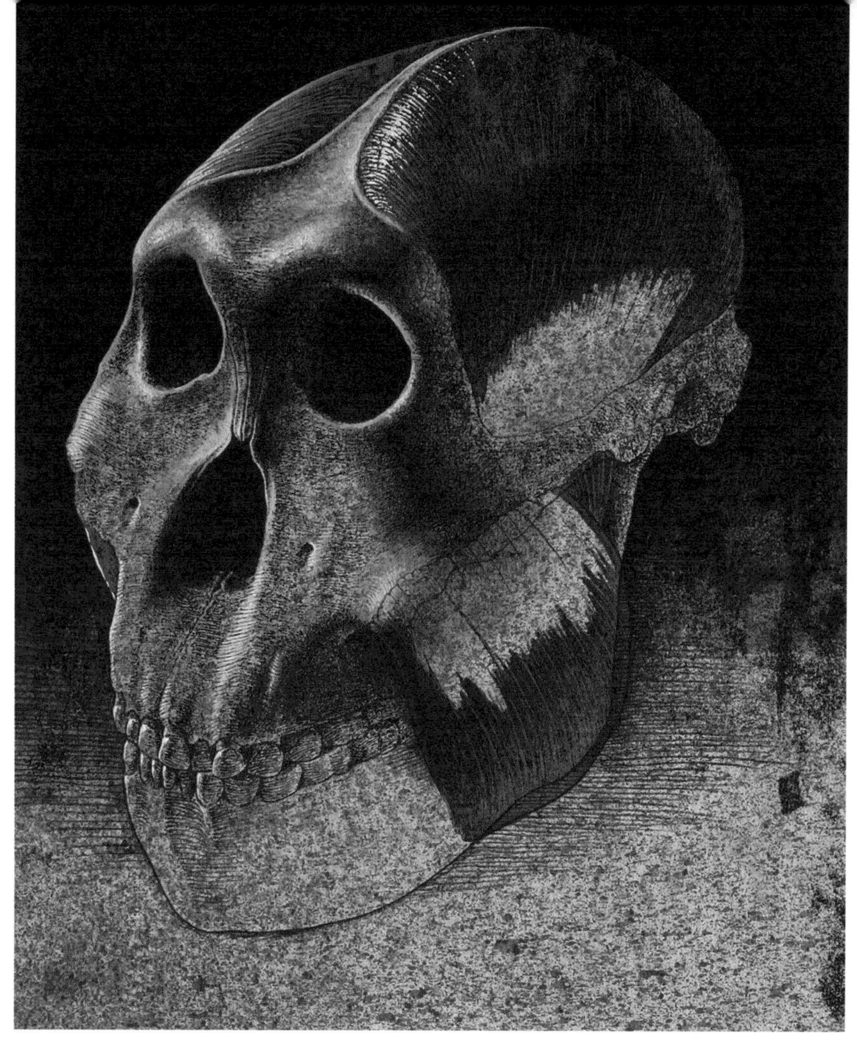

为人属的到来和进化奠定了基础。

有些南方古猿，通常被称为“健壮的”南方古猿，或“傍人”，把这种繁重的咀嚼适应发挥到了极致，他们的下颌肌肉有我的手腕那么大，臼齿直径高达 19.05 毫米（上图和第 81 页）。这些物种不会进化成人属，但他们和人属一起生活了一百多万年。健壮的南方古猿是人类物种多样性的最佳例证之一。

这一章用令人难以忘怀的美丽和深思熟虑的图像再现了一些南方古猿应该有的样子。大多数作品描绘的只是局部的标本——一根脊椎骨、一只手的骨架、一张脸的一部分。这是我们拥有的化石证据。但许多素描图仍然让我们得以一窥重建人类化石的细致的科学研究工作。有些绘图已经包含了这些信息，描绘出仅从少量化石中所了解的物种的模糊图像。有些是基于更丰富的化石记录，描绘了几乎完全重建的动物，包括皮肤、头发、眼睛、姿势，甚至是运动和行为（第 110 页）。每一幅图都充满了对了解我们远古亲戚的热情，并唤起了我们科学家在看到南方古猿遗迹时的惊叹之情。最重要的是，这些图画生动地展示了我们所拥有的南方古猿拼图的碎片是如何被用来重现人类故事中这一不可思议的篇章。

上图：
雄性鲍氏傍人颅骨，咀嚼肌为重建。石墨，钢笔，墨水，丙烯，木板

左图：
雄性罗百氏傍人颅骨。石墨，木板

下图：

成年雌性阿法南方古猿（露西）和未成年雄性源泉南方古猿。丙烯，墨水，石膏纤维板

右图：

行走中的雄性阿法南方古猿骨架、肌肉组织和身影重建。石墨，丙烯涂层画板，数码处理

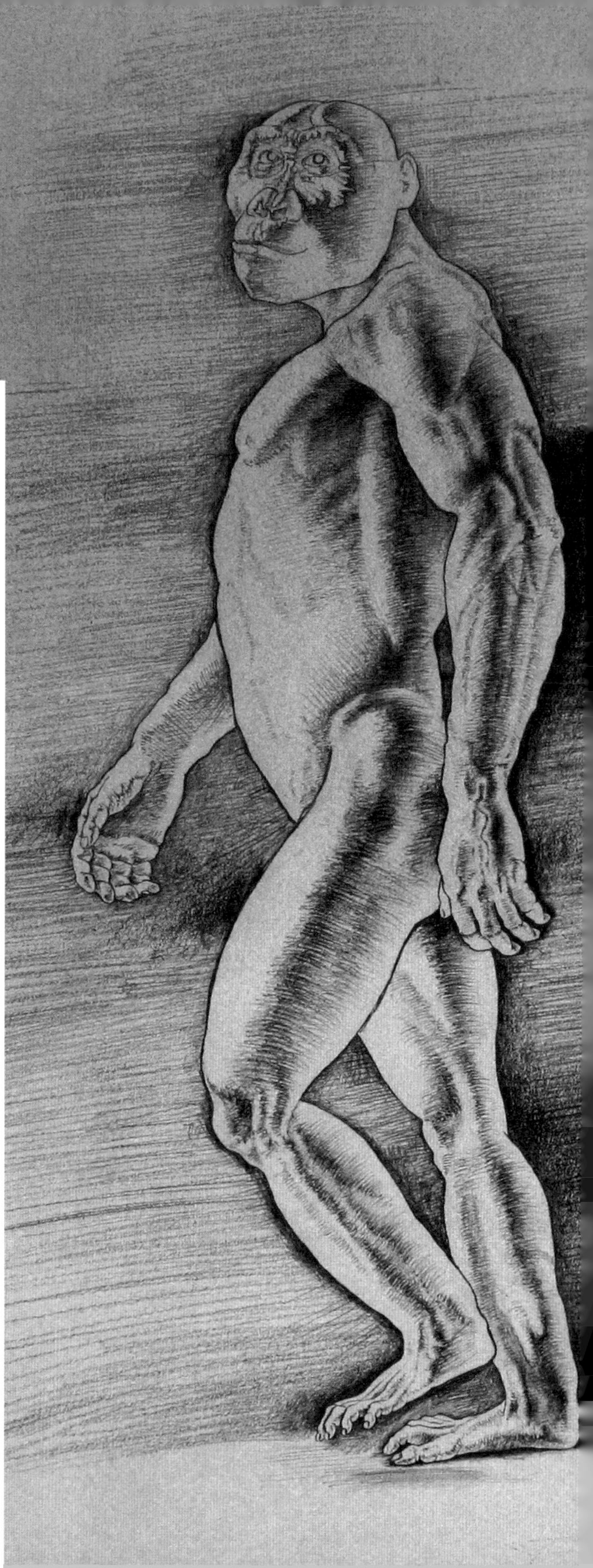

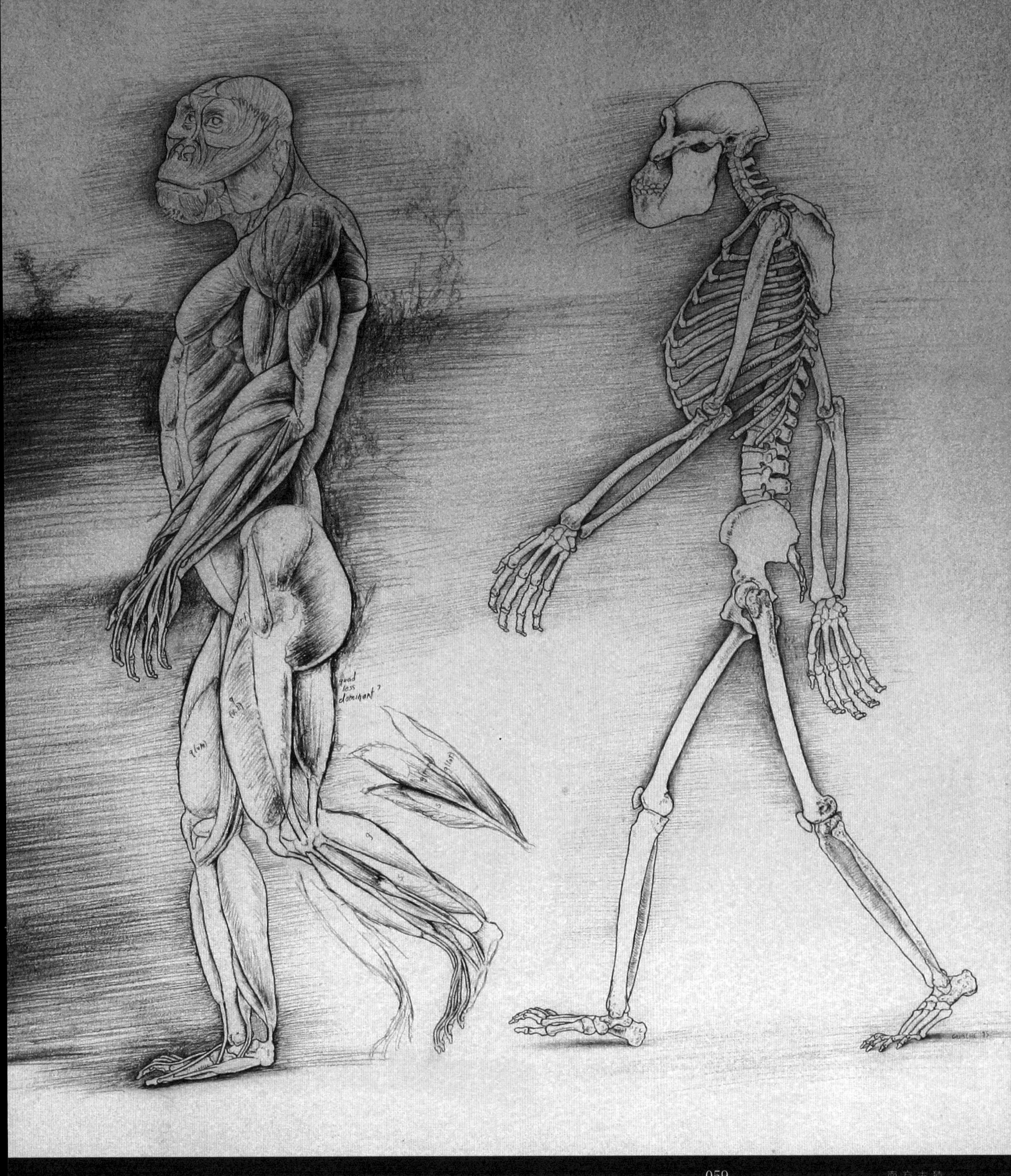
good
less
dominant?

上图：
雌性阿法南方古猿（露西）。石墨，墨水，粉笔，丙烯

右图：
阿法南方古猿合成足部骨骼，由截至2016年的已知部分组成。石墨，木板

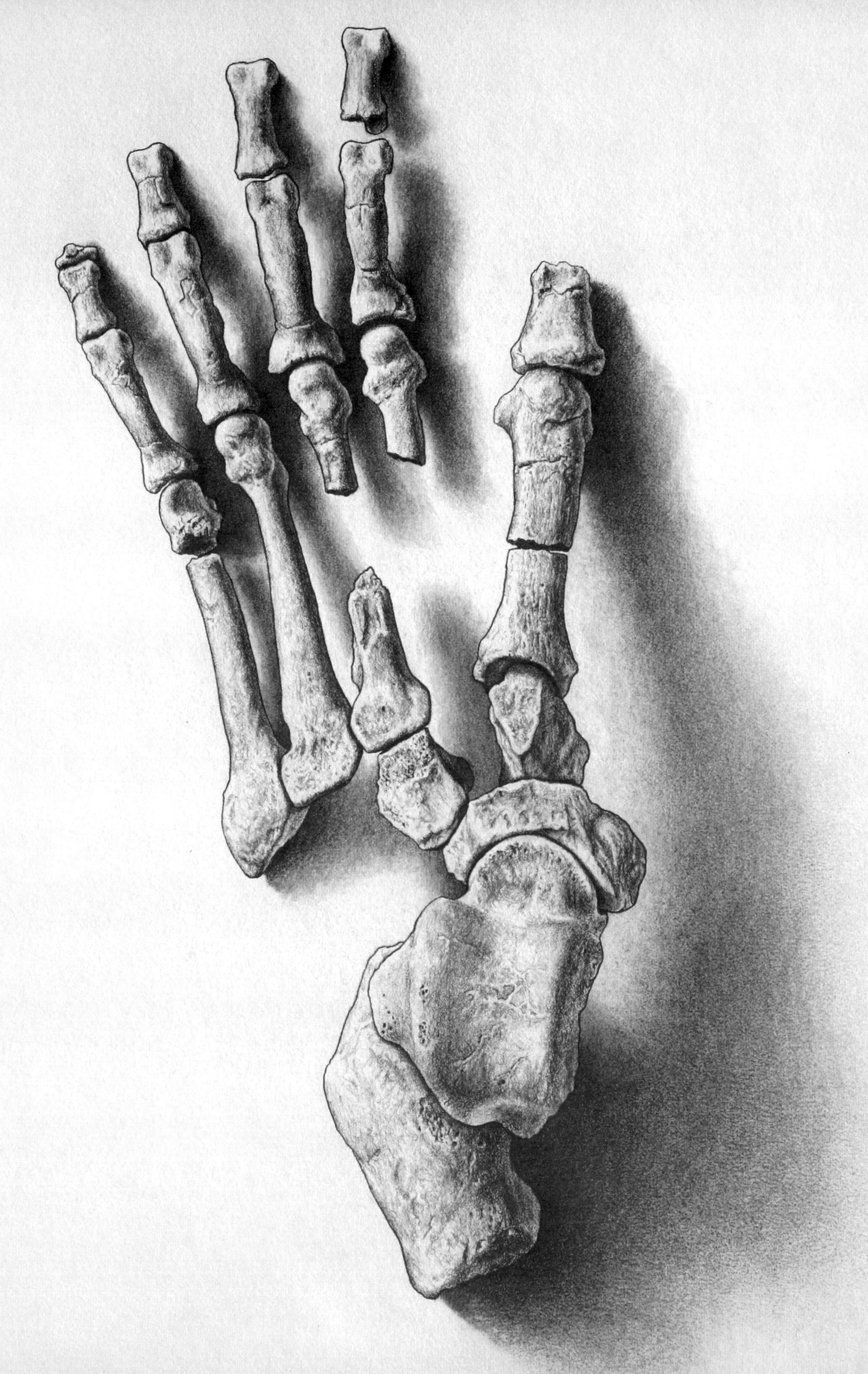

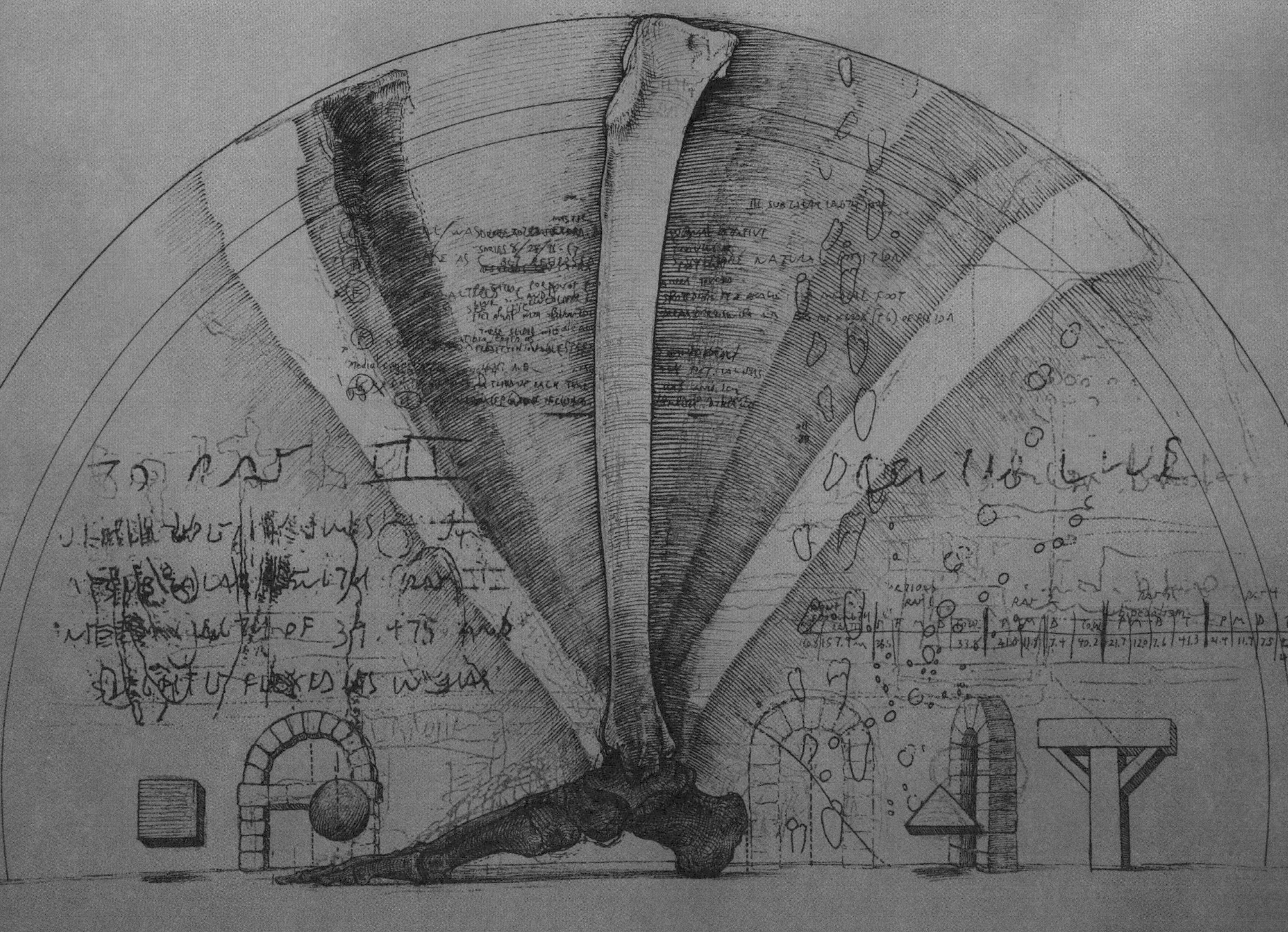

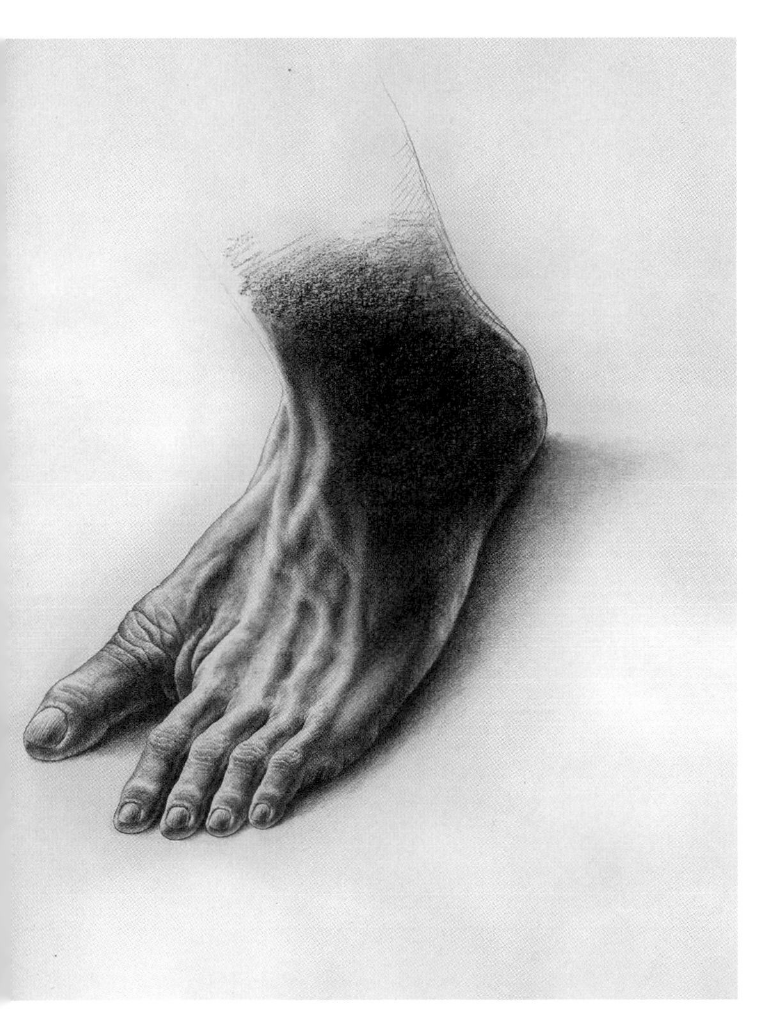

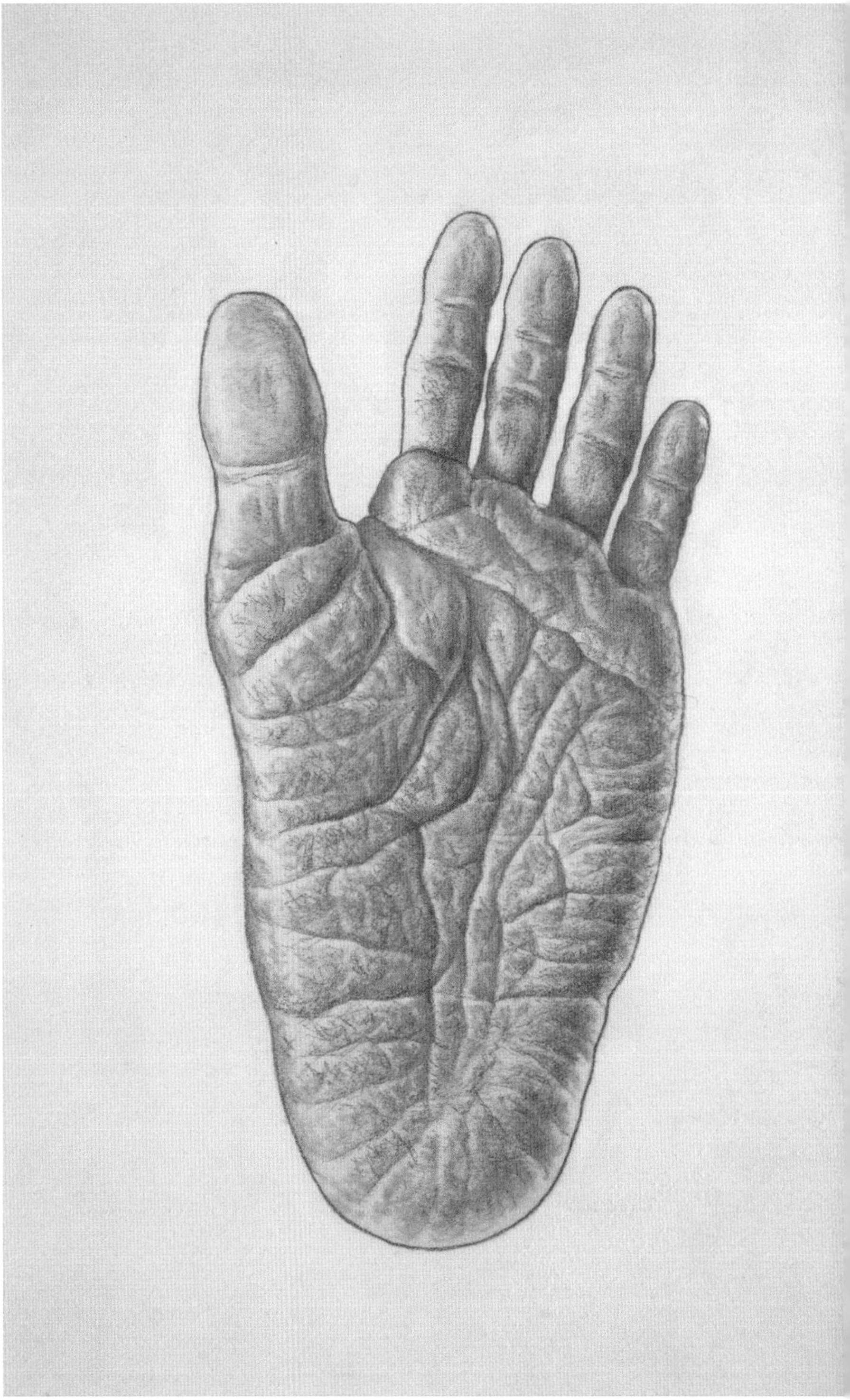

上图及右图:
阿法南方古猿重建足部。石墨（上），红色粉笔（右）

左图:
阿法南方古猿足骨和胫骨。石墨画影印，墨水，丙烯涂层画板

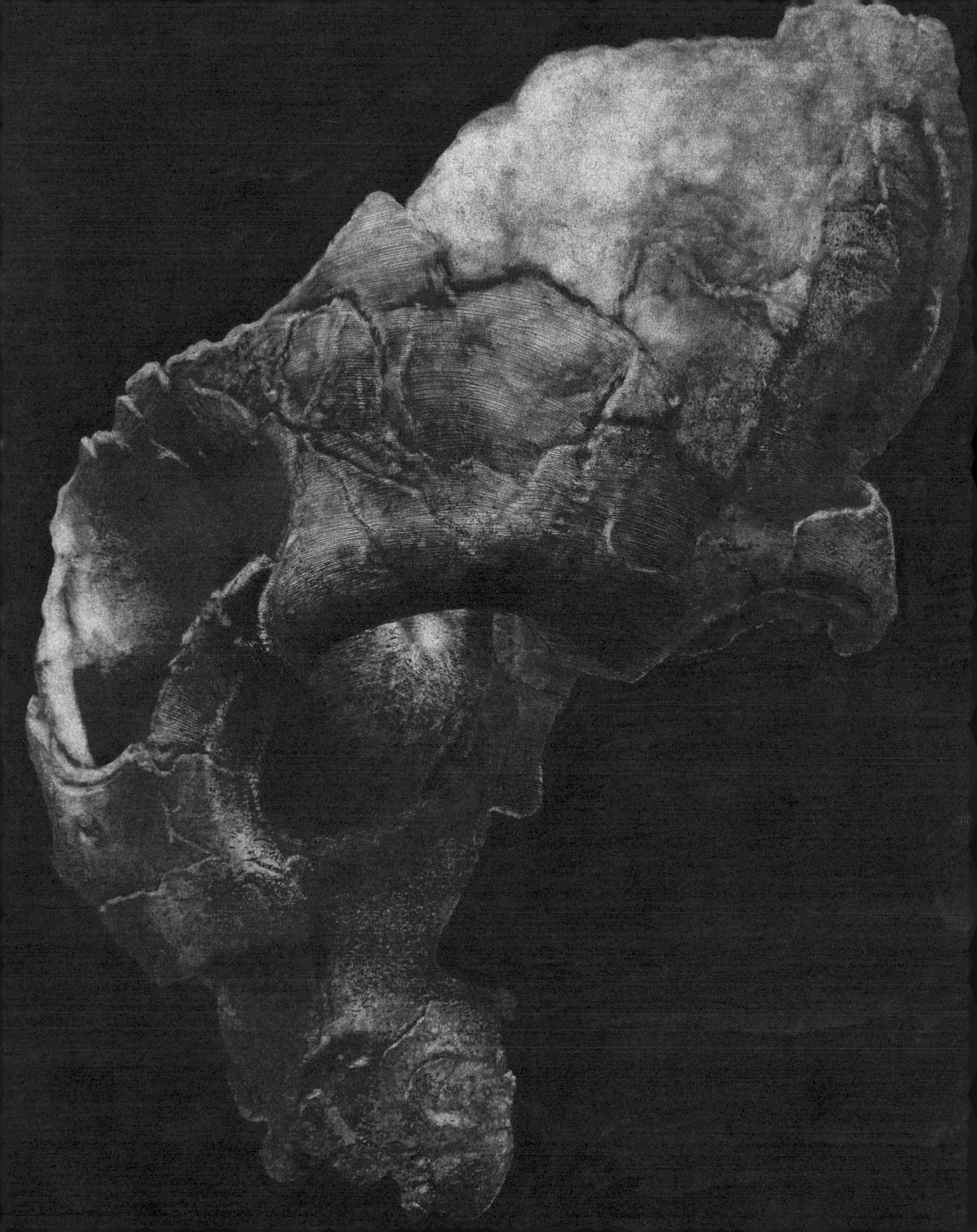

上图：
成年阿法南方古猿部分面部骨骼。石墨，木板

左图：
未成年阿法南方古猿颅骨。丙烯，墨水，木板

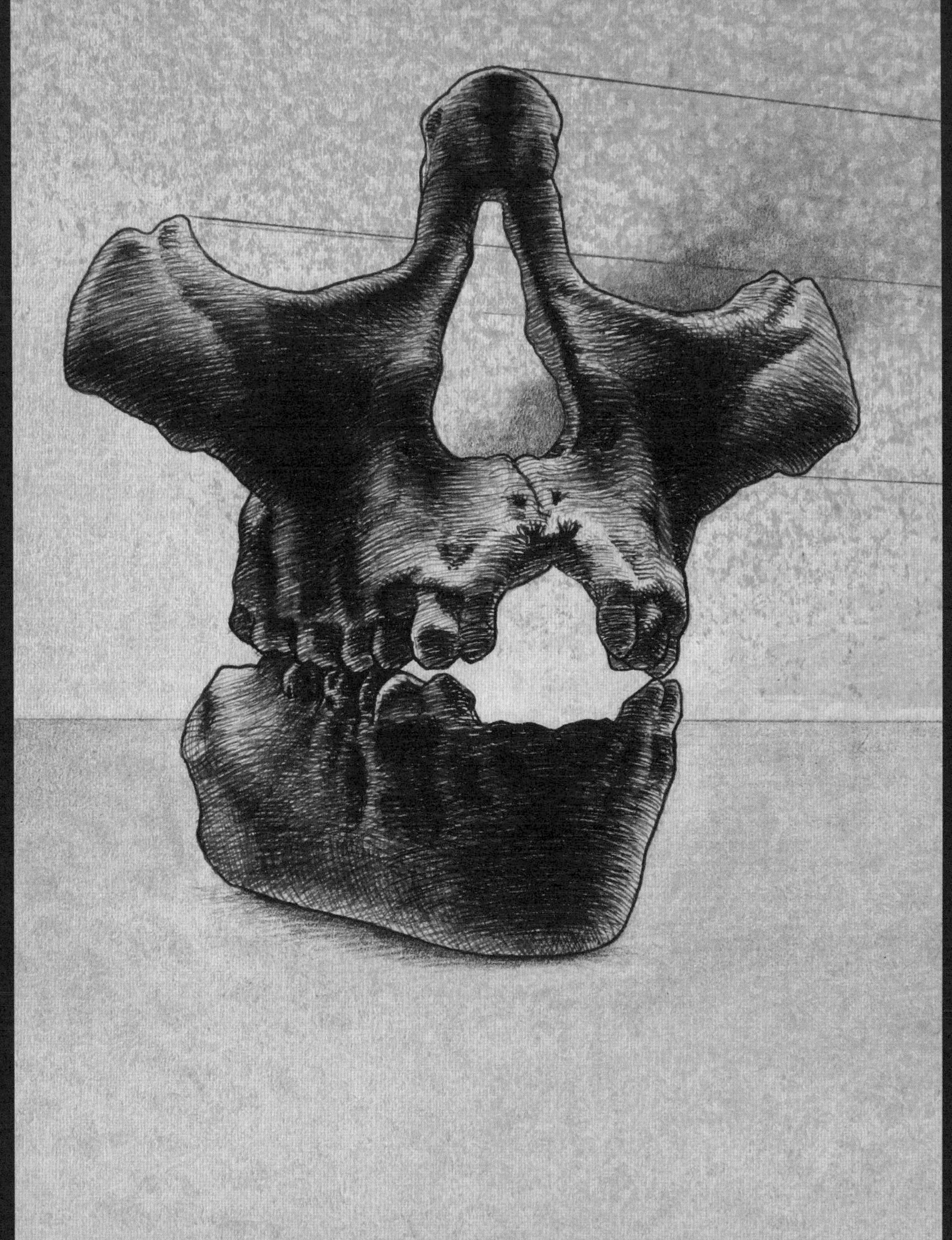

上图：

成年雌性阿法南方古猿面部骨骼，缺失部分用镜像处理。钢笔，墨水，丙烯涂层画板

右图：

成年雄性阿法南方古猿颅骨。钢笔，墨水，丙烯涂层画板

上图：
雄性阿法南方古猿重建面部表情肌肉。石墨，木板，数码处理

左图：
重建中的雄性阿法南方古猿面部。石墨画影印，钢笔，墨水，丙烯涂层画板

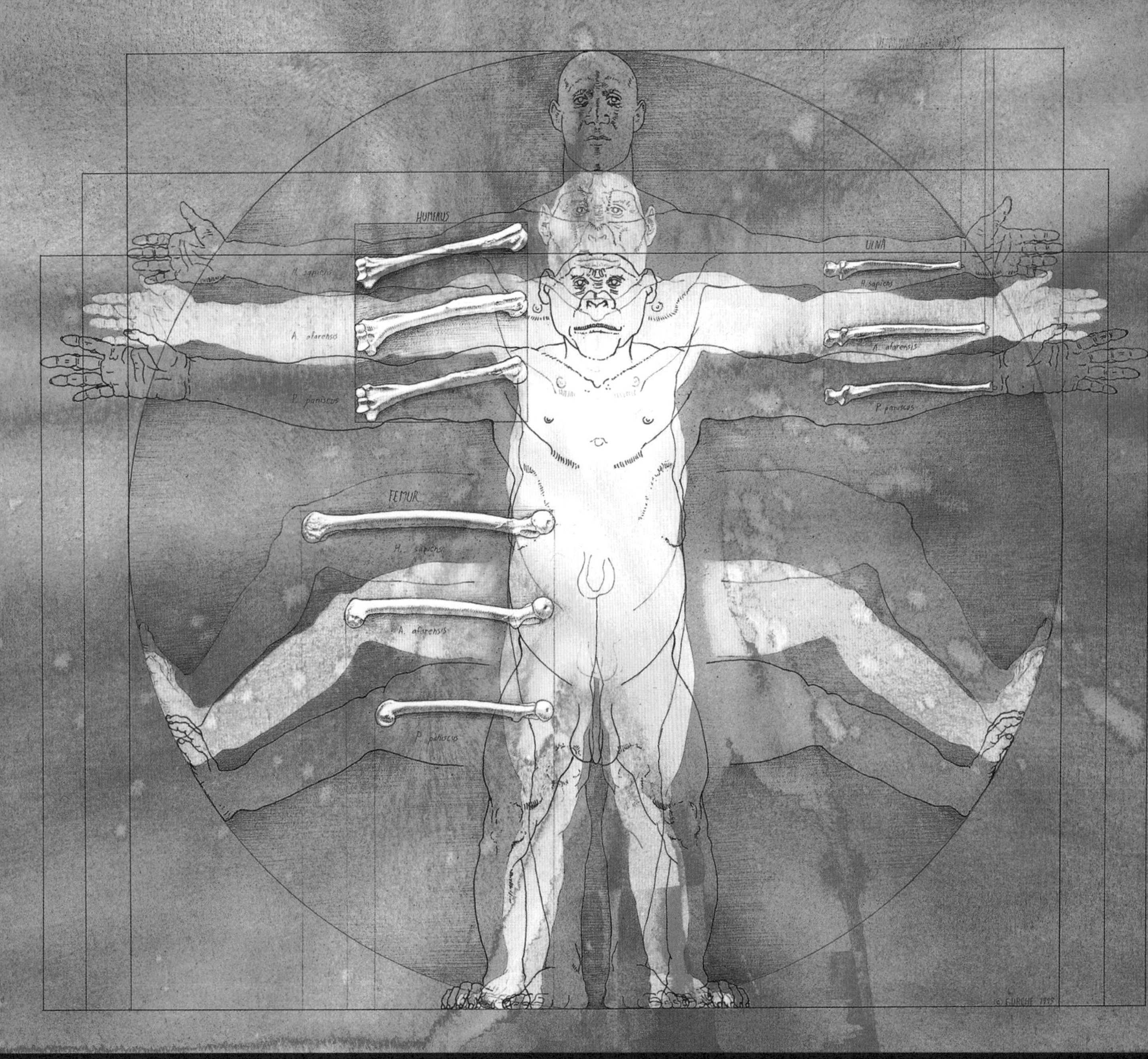

上图：
成年雄性阿法南方古猿（颜色较浅）与黑猩猩和智人的身体比例比较，都按相同的肱骨长度进行了缩放。钢笔，墨水，丙烯，木板

左图：
雄性阿法南方古猿面部。钢笔，墨水，丙烯涂层画板

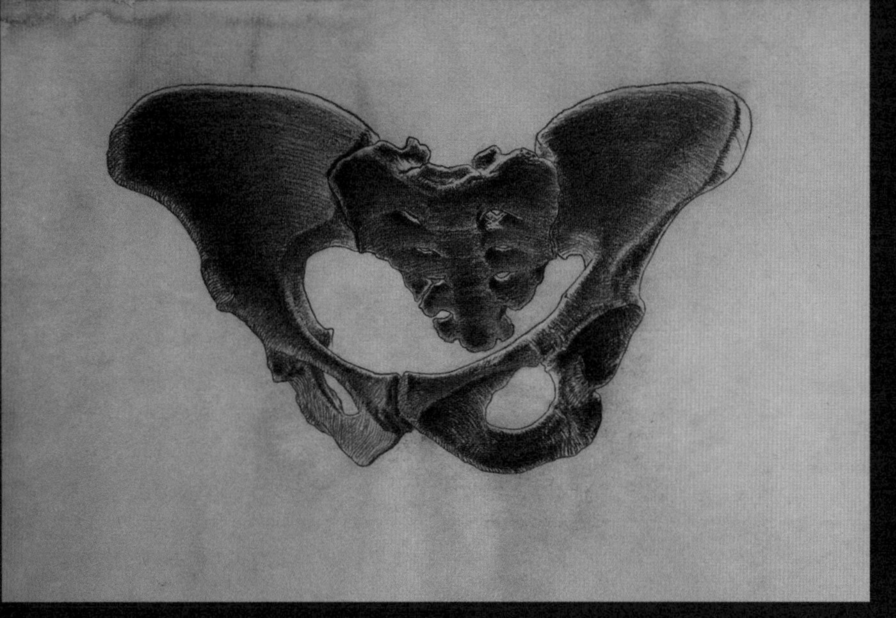

左图：

阿法南方古猿（露西）骨盆重建。红色粉笔，丙烯涂层画板

下图：

阿法南方古猿第七颈椎。石墨，画纸

右图：

重建中的雌性阿法南方古猿。投影胶片解剖图转至丙烯涂层画板上

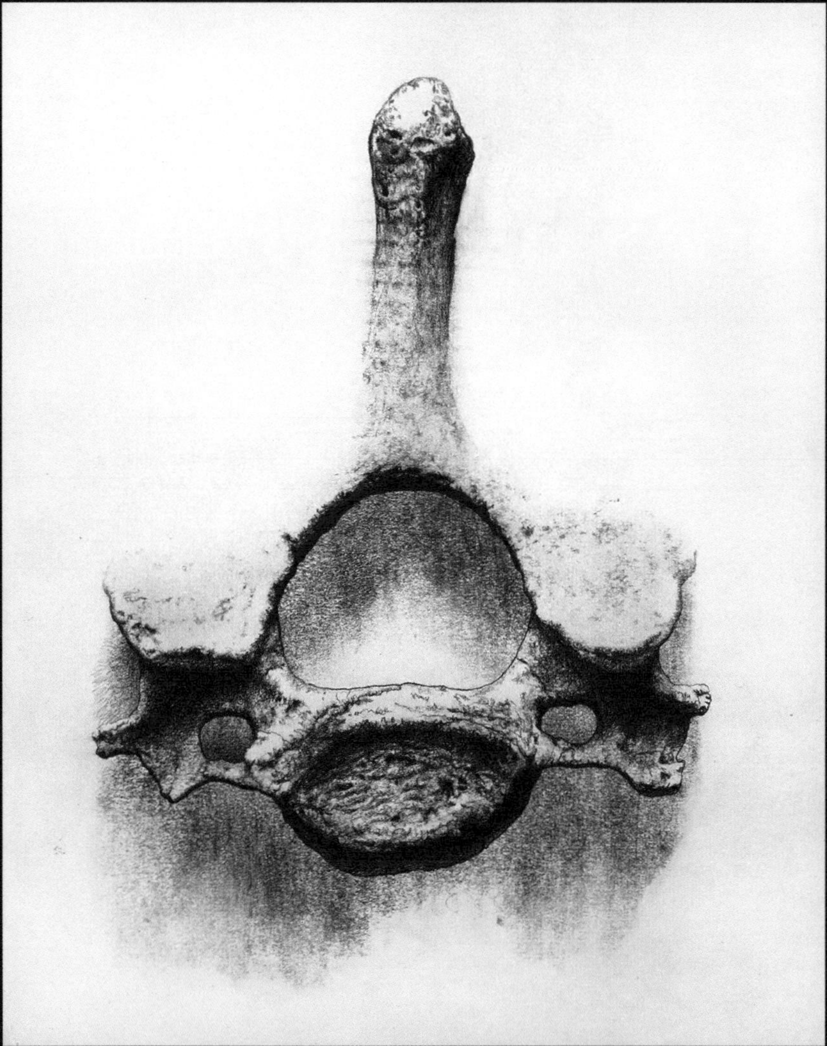

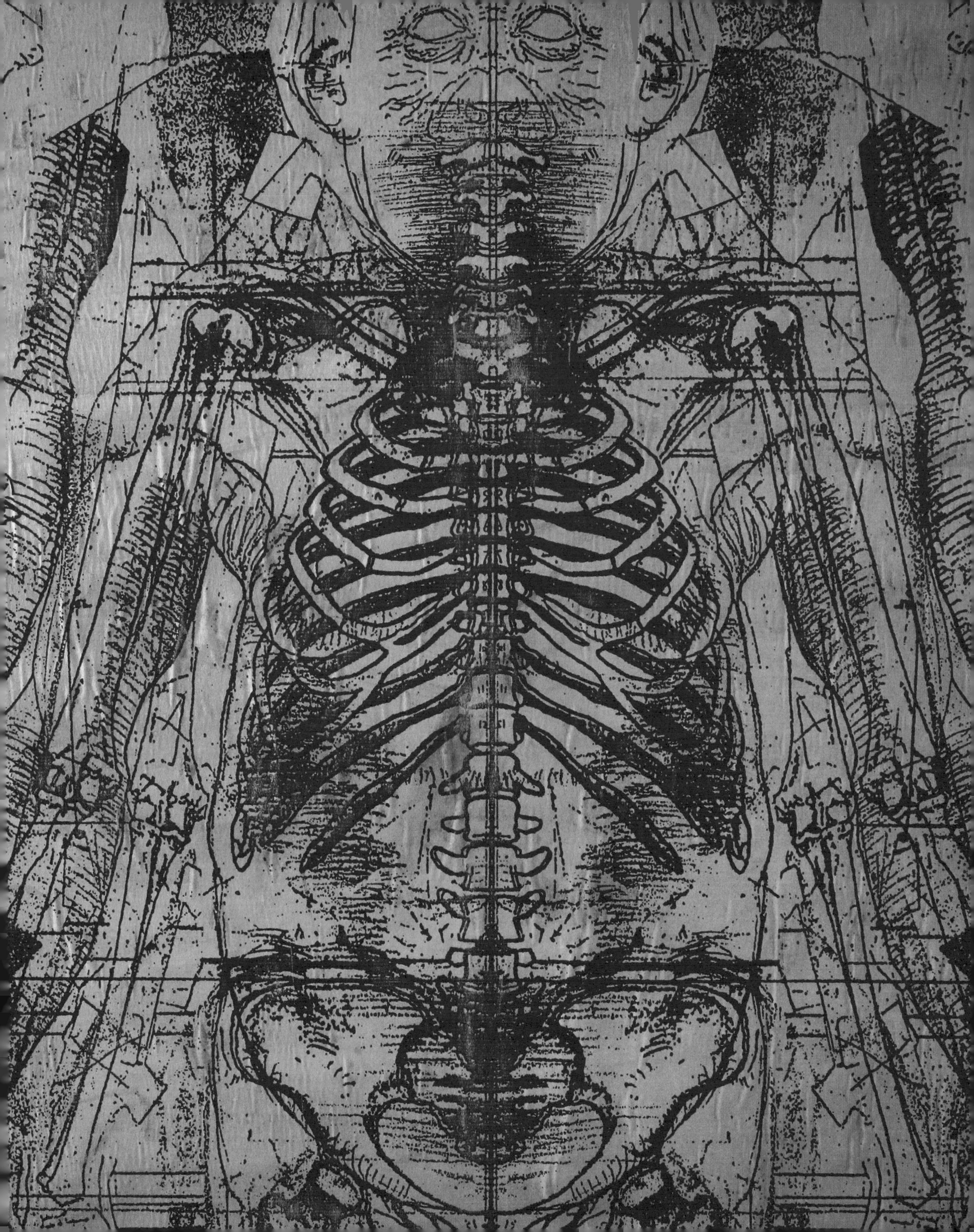

左图：

雌性阿法南方古猿（露西）。丙烯，石墨，钢笔，墨水，木板

右图：

雌性阿法南方古猿（露西）。钢笔，墨水，画纸

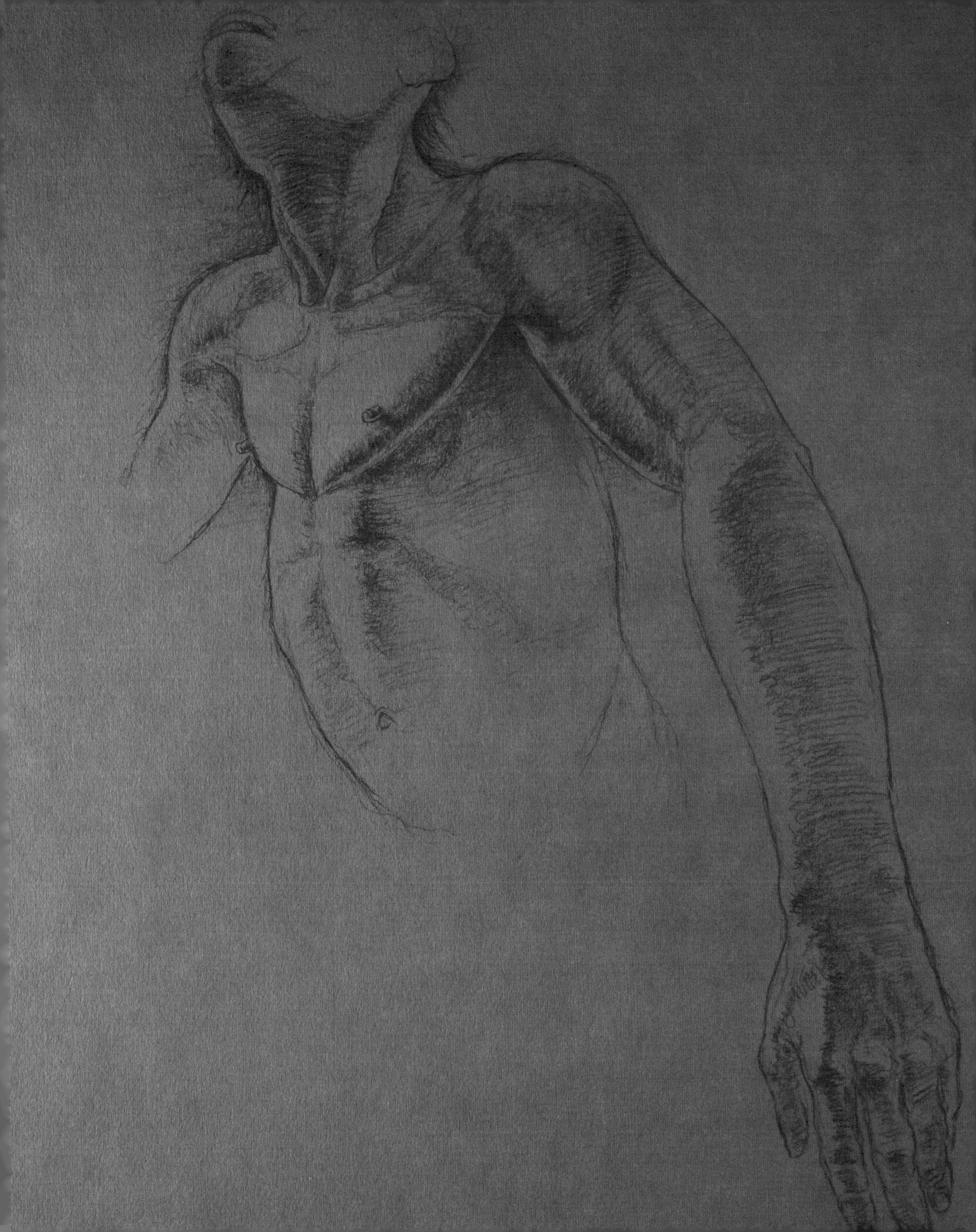

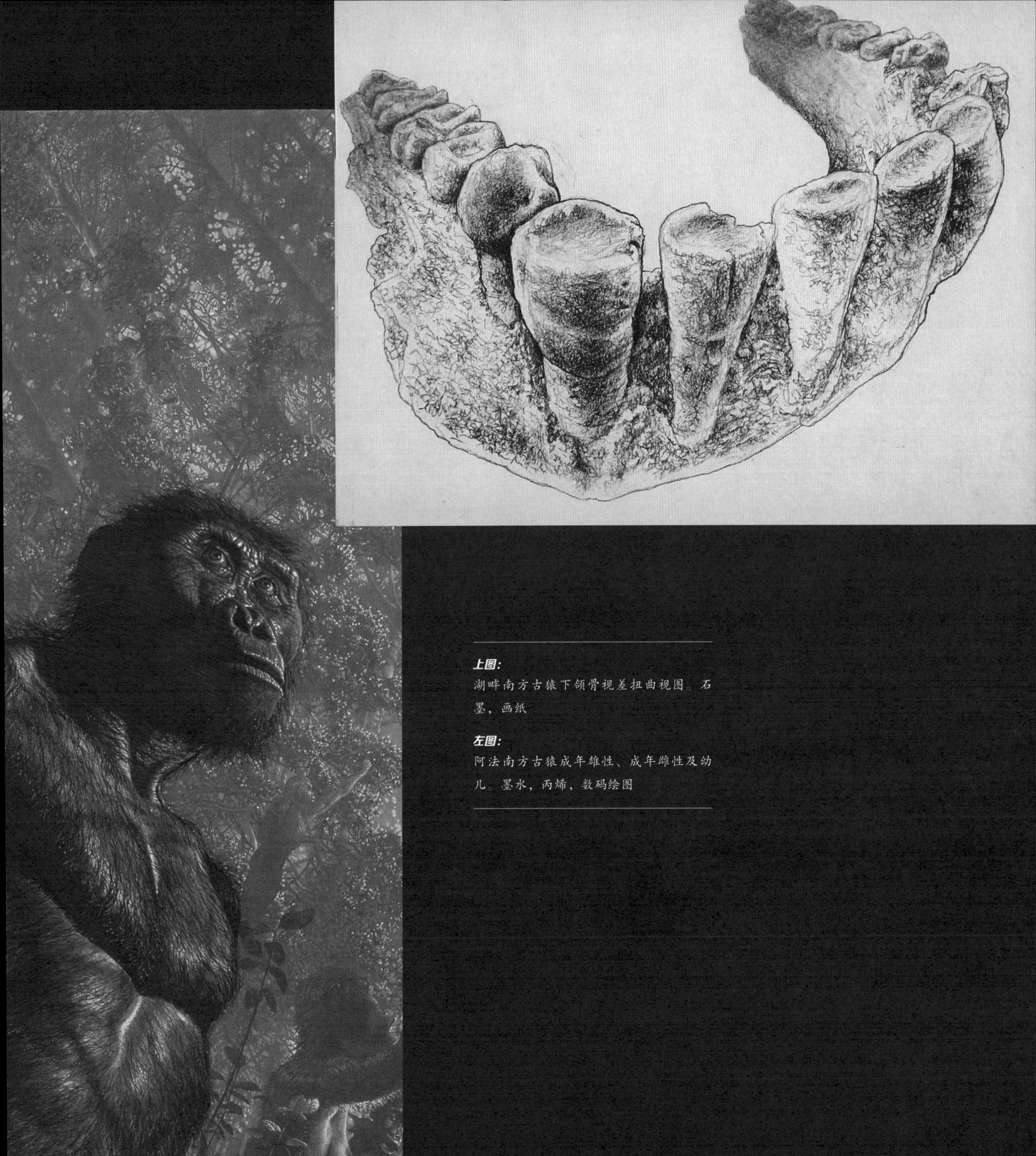

上图:

湖畔南方古猿下颌骨视差扭曲视图。石墨，画纸

左图:

阿法南方古猿成年雄性、成年雌性及幼儿。墨水，丙烯，数码绘图

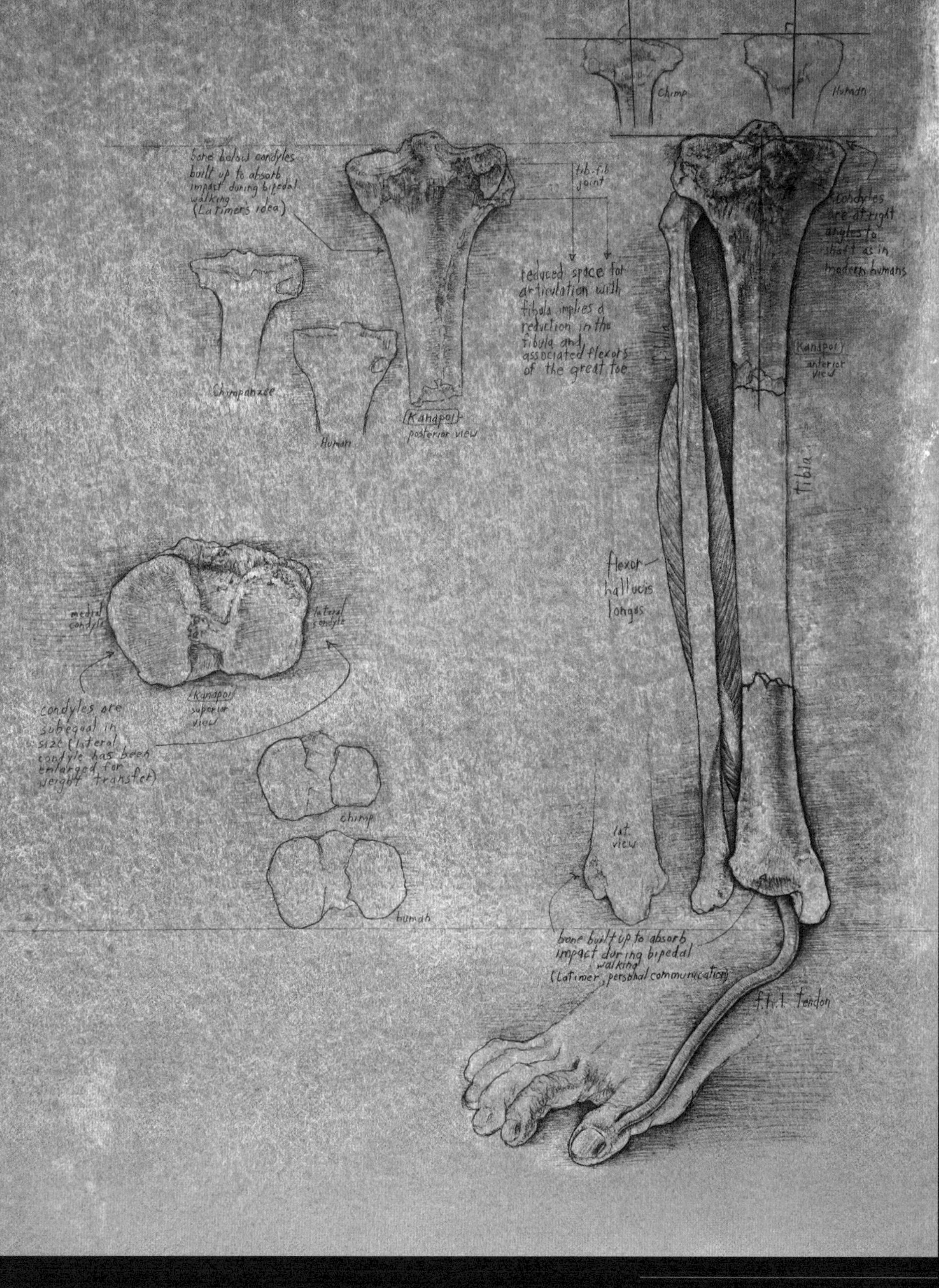

上图：

湖畔南方古猿胫骨，肌肉和肌腱为重建。石墨，丙烯涂层画板

右图：

湖畔南方古猿剪影，已知部分突出显示。丙烯，石墨，丙烯涂层霜面画板

Breaking the four million year barrier –

one species? two?

What is the Allia Bay/Kanapoi Creature (s)?

We have only bits so far:

left humerus (Kanapoi: distal end)
left radius (near Allia Bay: nearly complete)
right tibia (Kanapoi: proximal end, distal end)
maxillae (Kanapoi, Allia Bay)
mandible (Kanapoi: missing only rami)
left temporal bone (Kanapoi: glenoid fossa, e.a.m)
assorted teeth

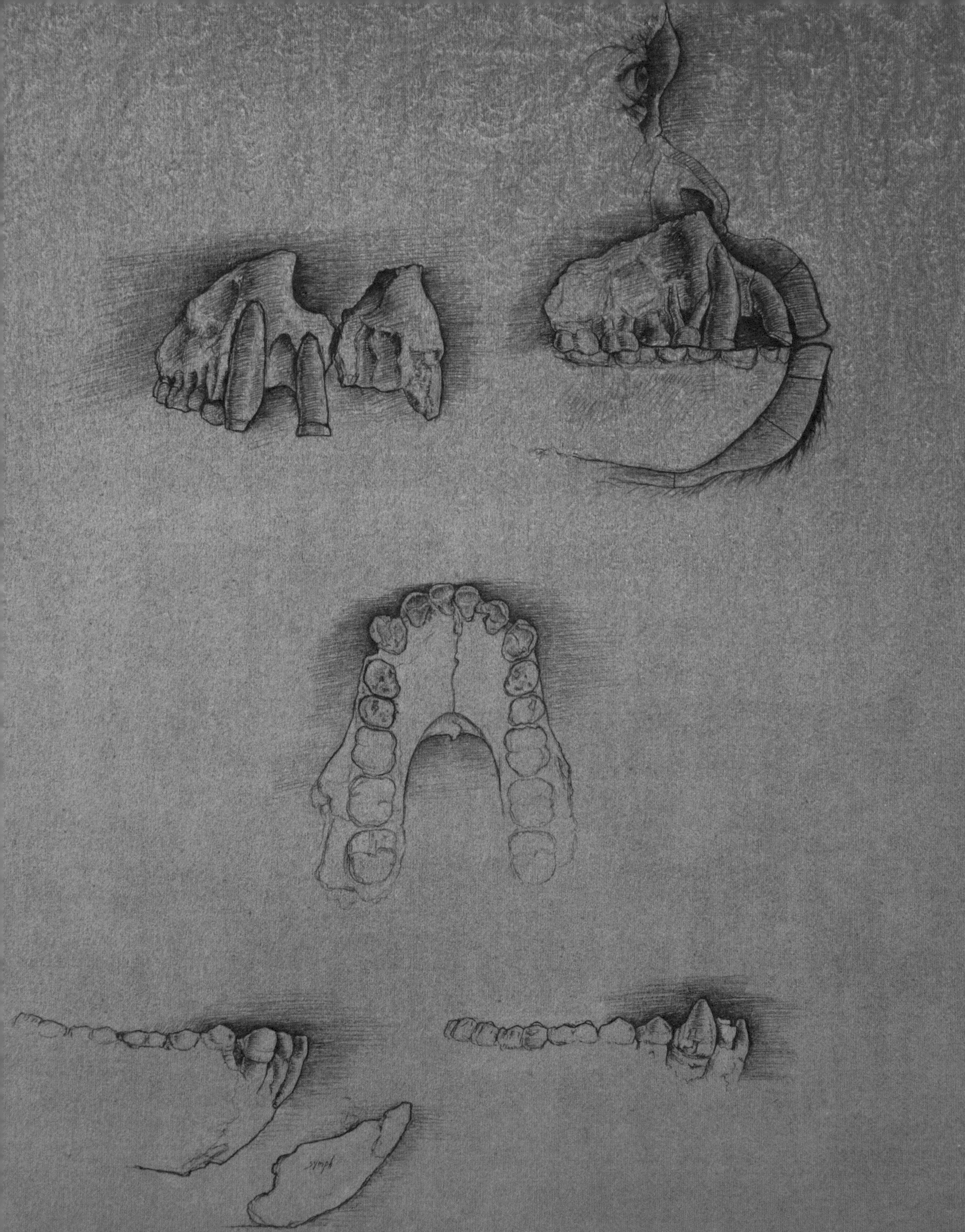

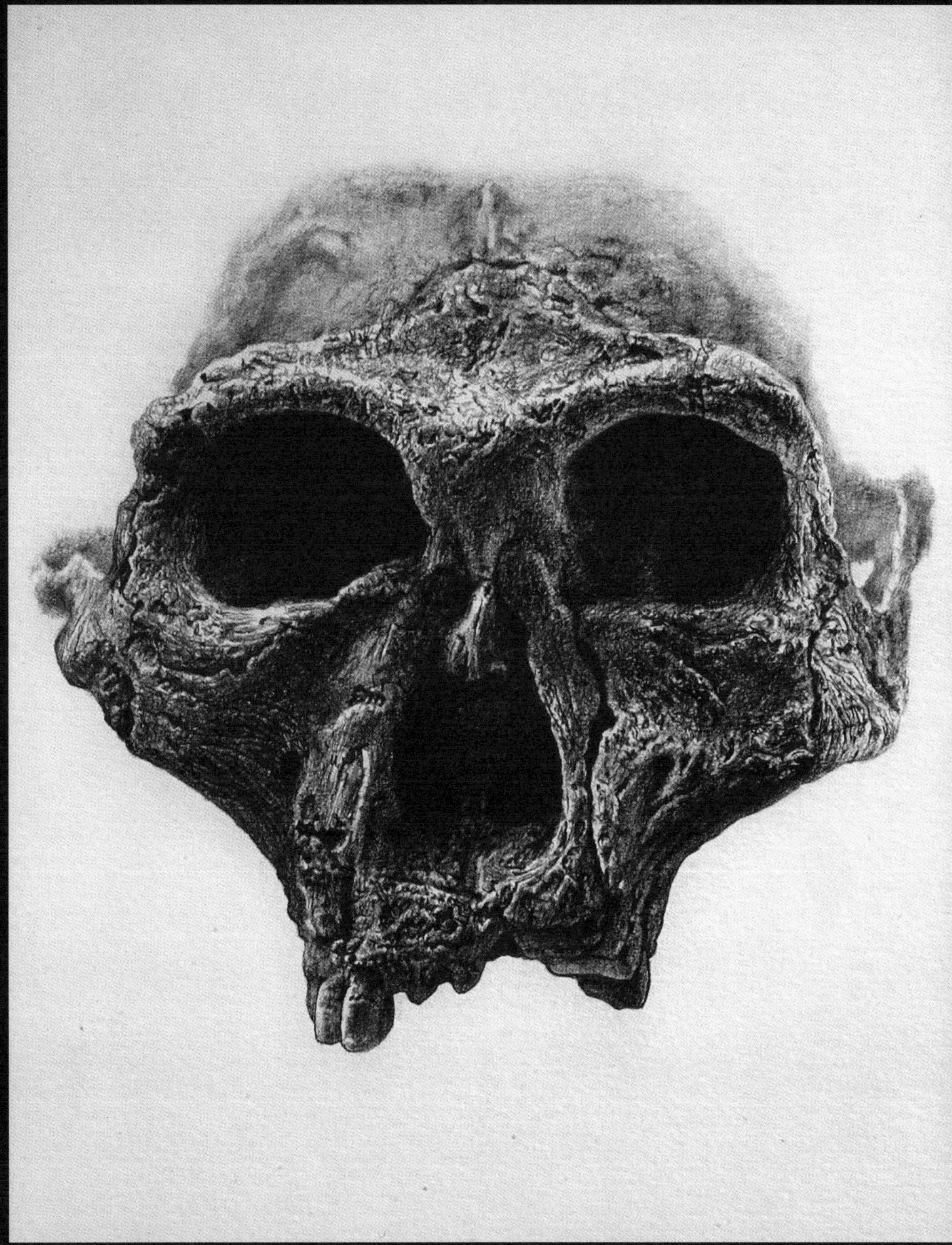

上图：
成年雄性罗百氏傍人颅骨。石墨，画纸

左图：
湖畔南方古猿上颌骨和下颌骨。石墨，丙烯涂层霜面画板

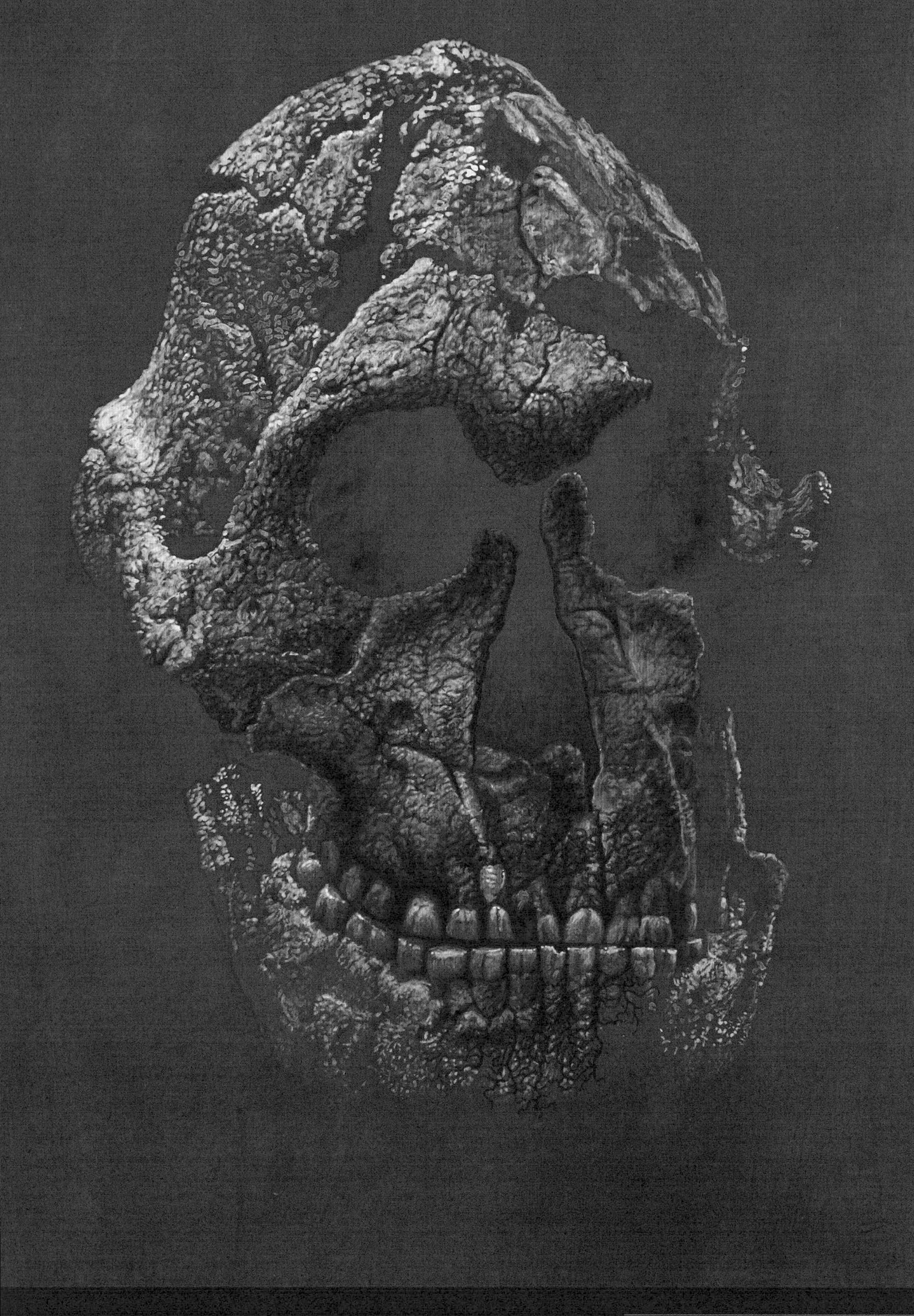

上图：

成年雌性罗百氏傍人颅骨。丙烯，墨水，丙烯漆板

右图：

成年雌性罗百氏傍人。红色粉笔，丙烯涂层画板

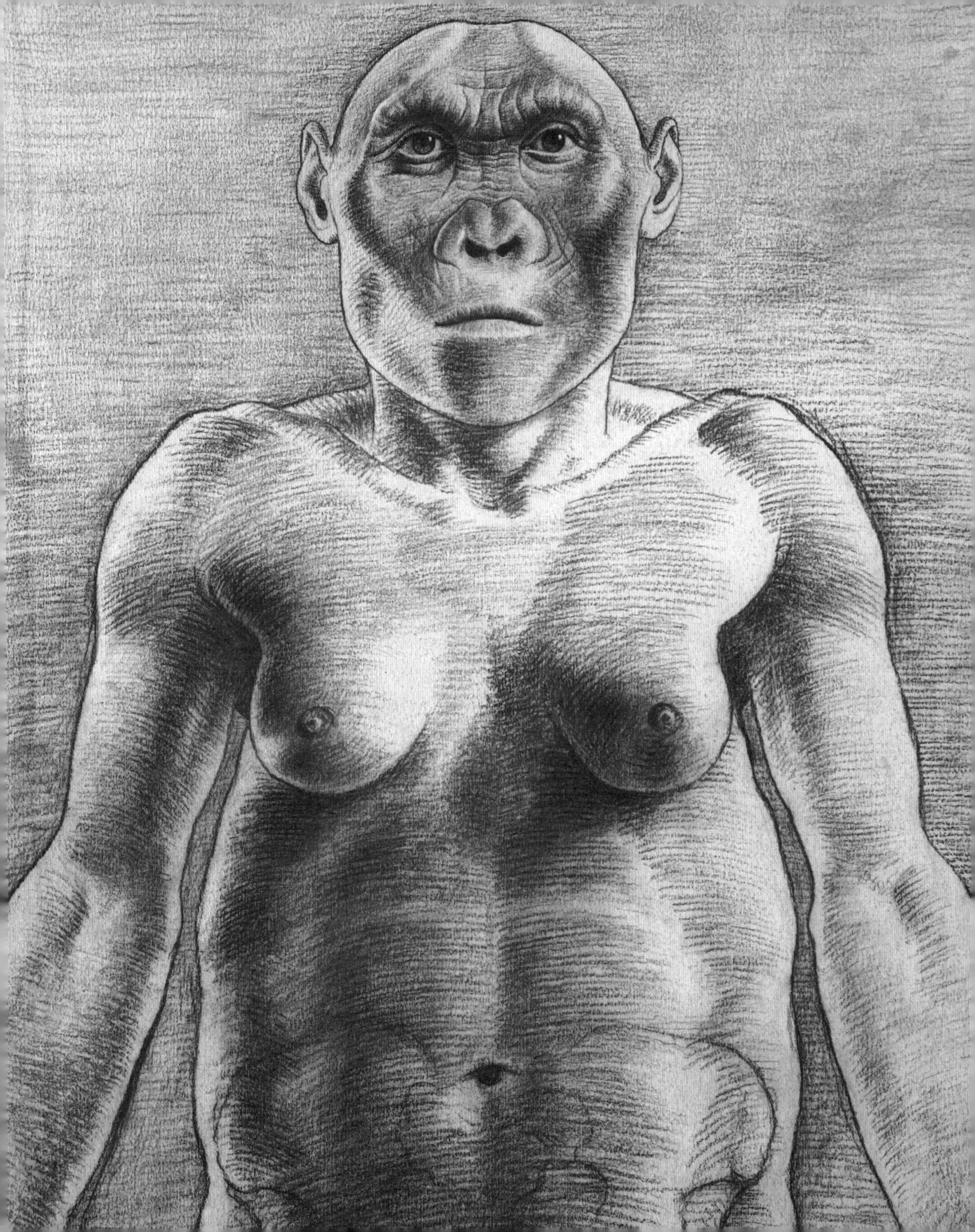

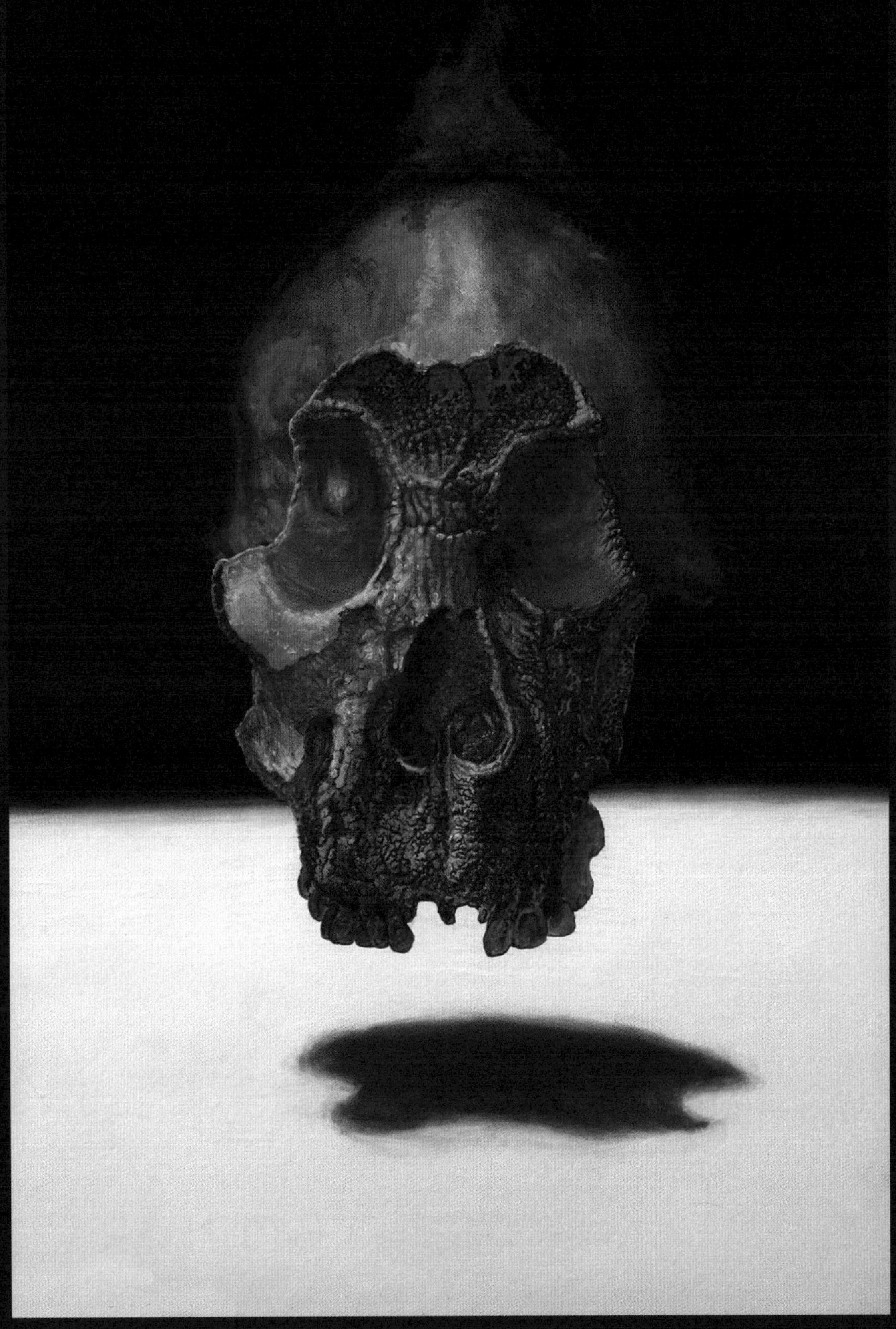

上图：

雄性鲍氏傍人颅骨。墨水，丙烯，丙烯漆板

左图：

雄性鲍氏傍人颅骨。墨水，丙烯涂层画板

上图：
雄性鲍氏傍人。水彩，水溶性墨水，丙烯涂层画板

左图：
重建中的雄性鲍氏傍人。石墨，墨水，丙烯，丙烯涂层画板

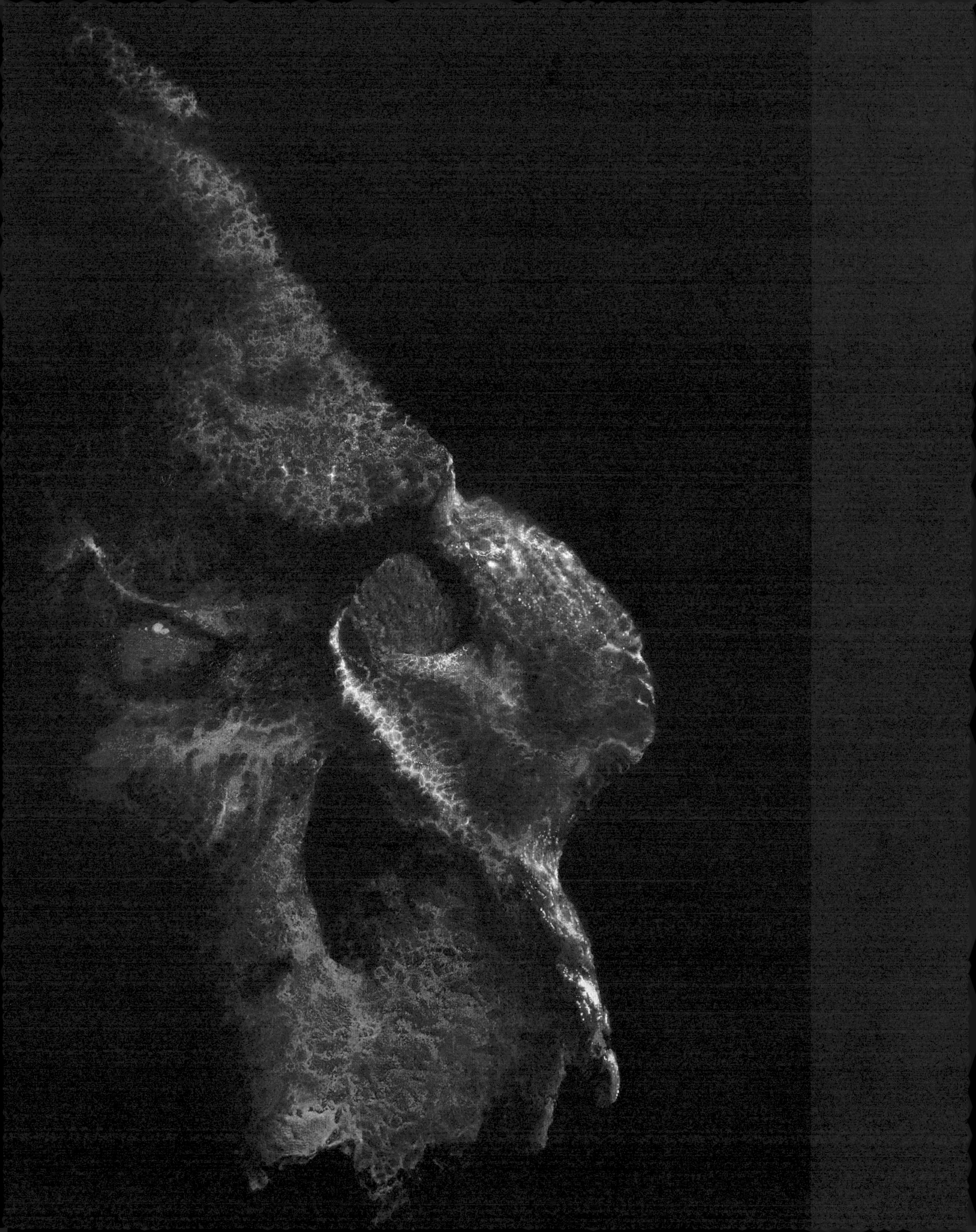

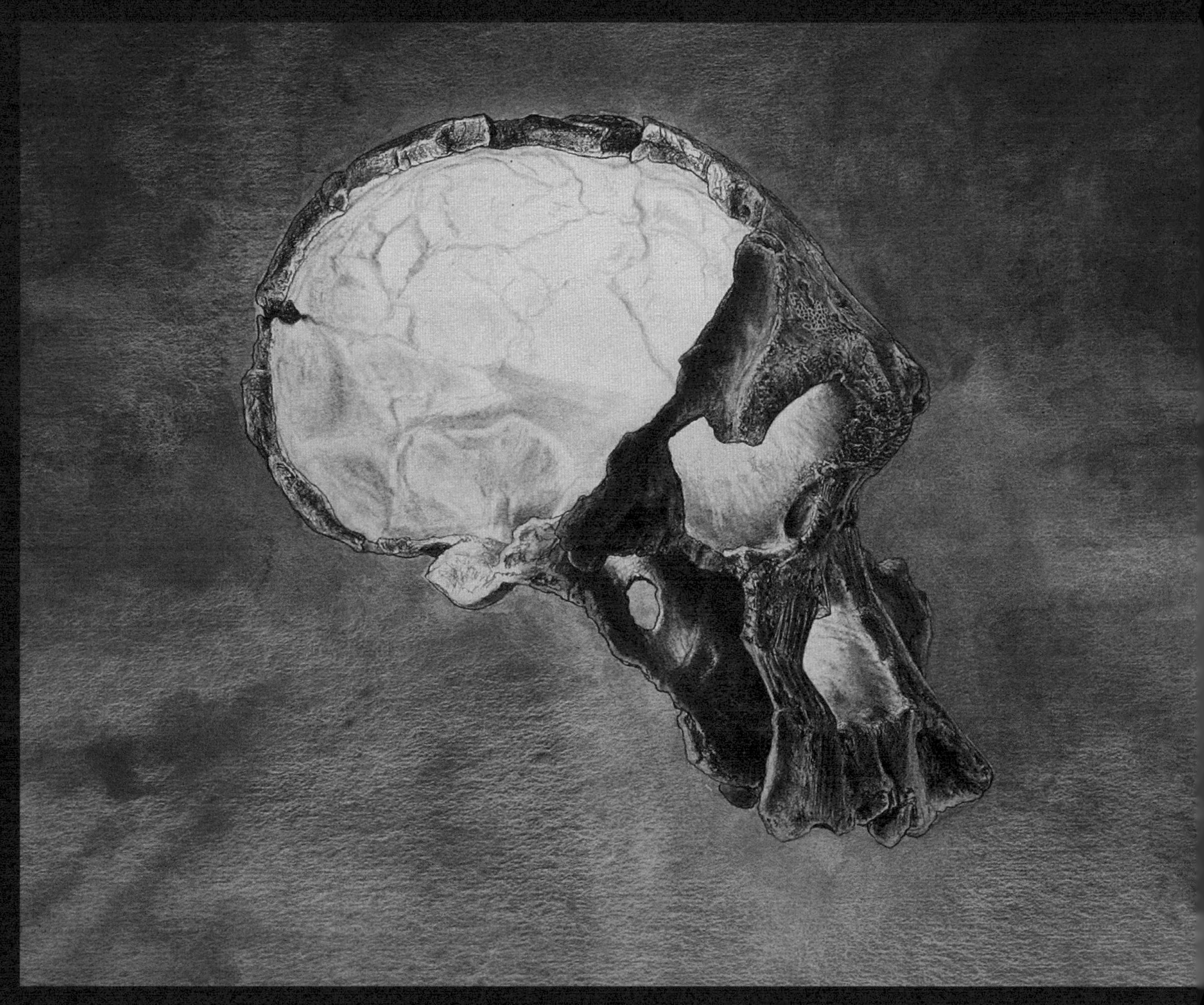

上图：

雄性非洲南方古猿颅骨。石墨，丙烯，木板

左图：

非洲南方古猿颅骨。丙烯，墨水，木板

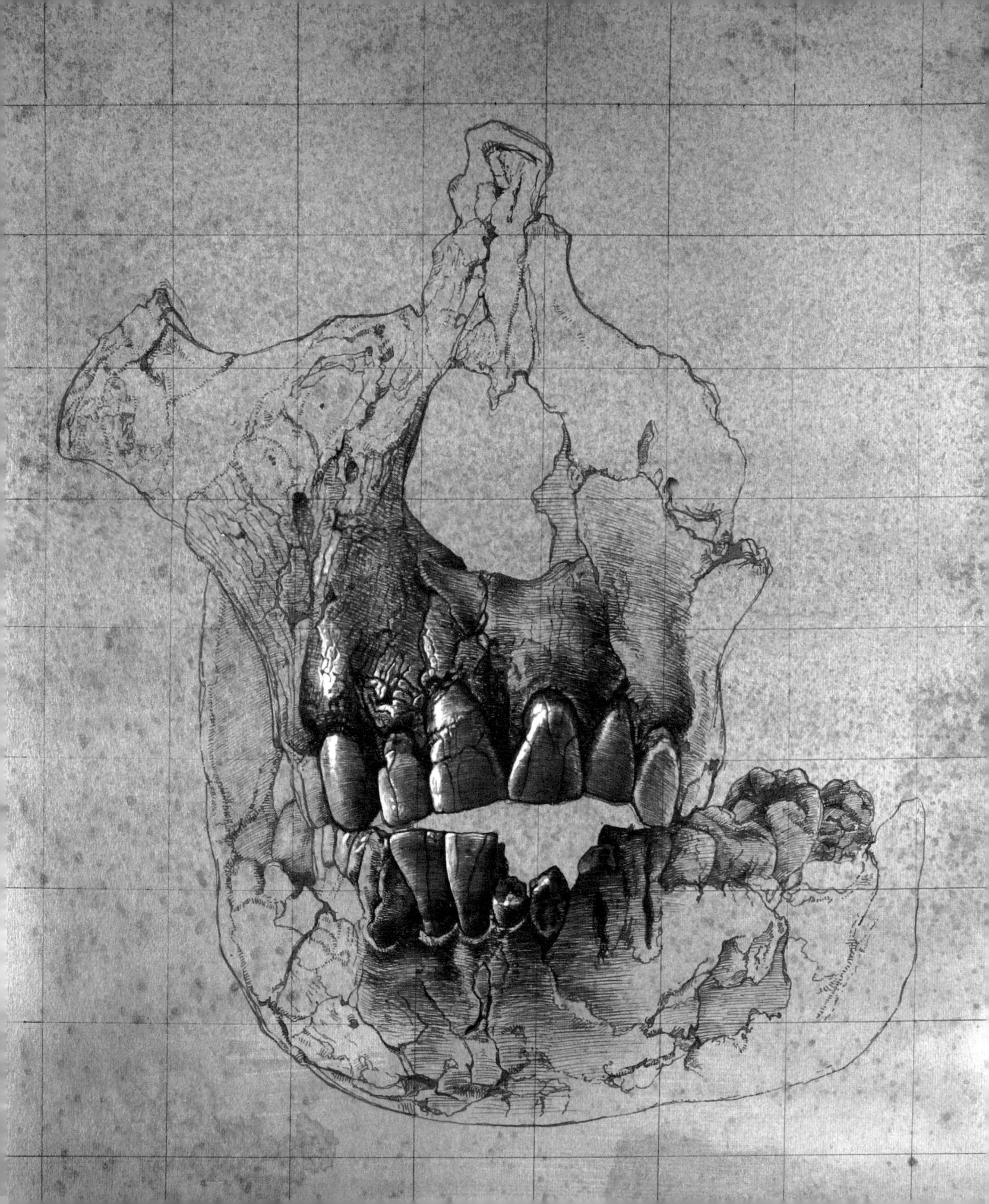

上图：

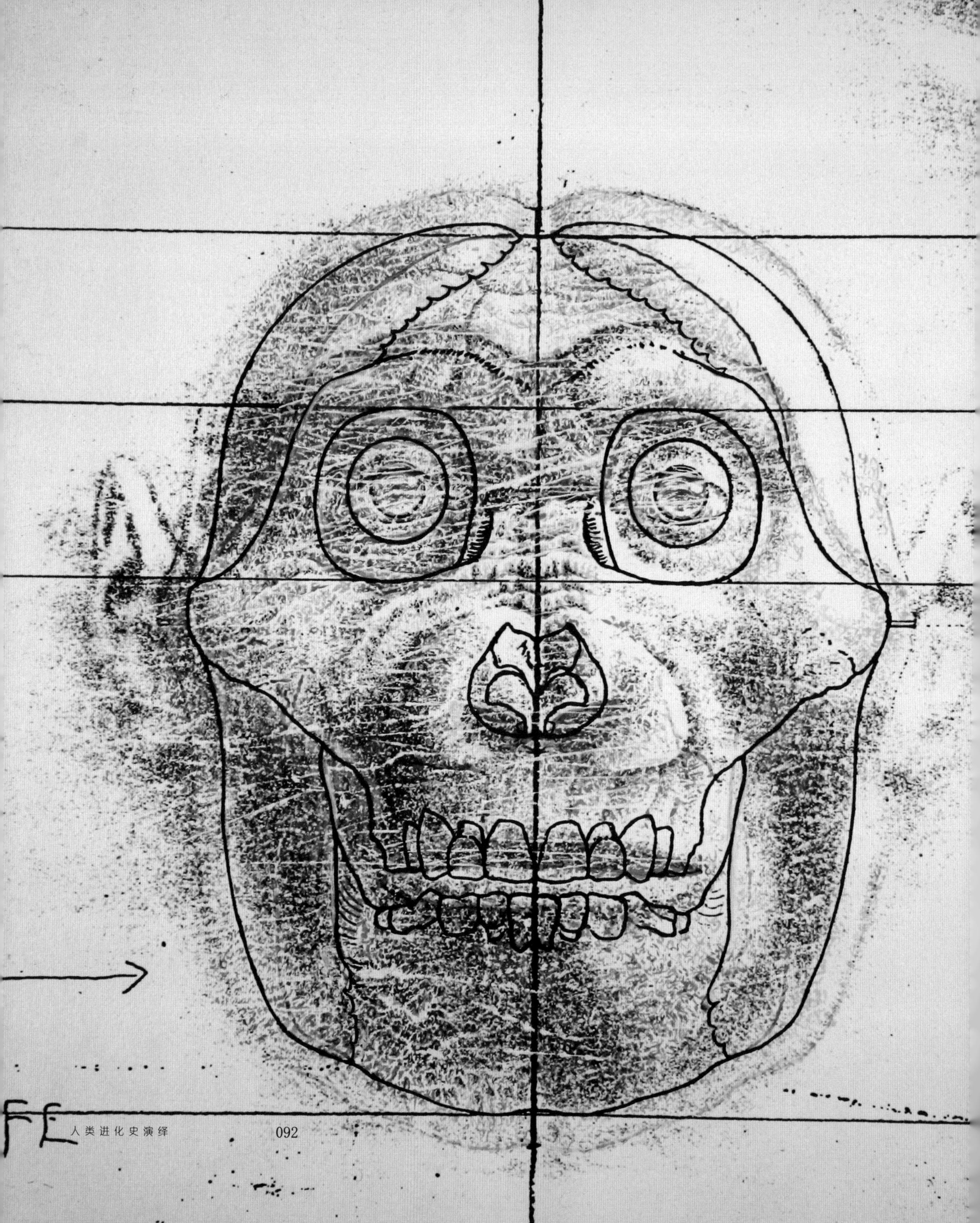

上图：

行走中的阿法南方古猿（左）和雄性非洲南方古猿，及攀爬身影。钢笔，墨水，石墨，丙烯涂层画板

左图：

雄性非洲南方古猿颅骨和面部深层解剖轮廓，面部为重建，带重影。石墨画，添加丙烯

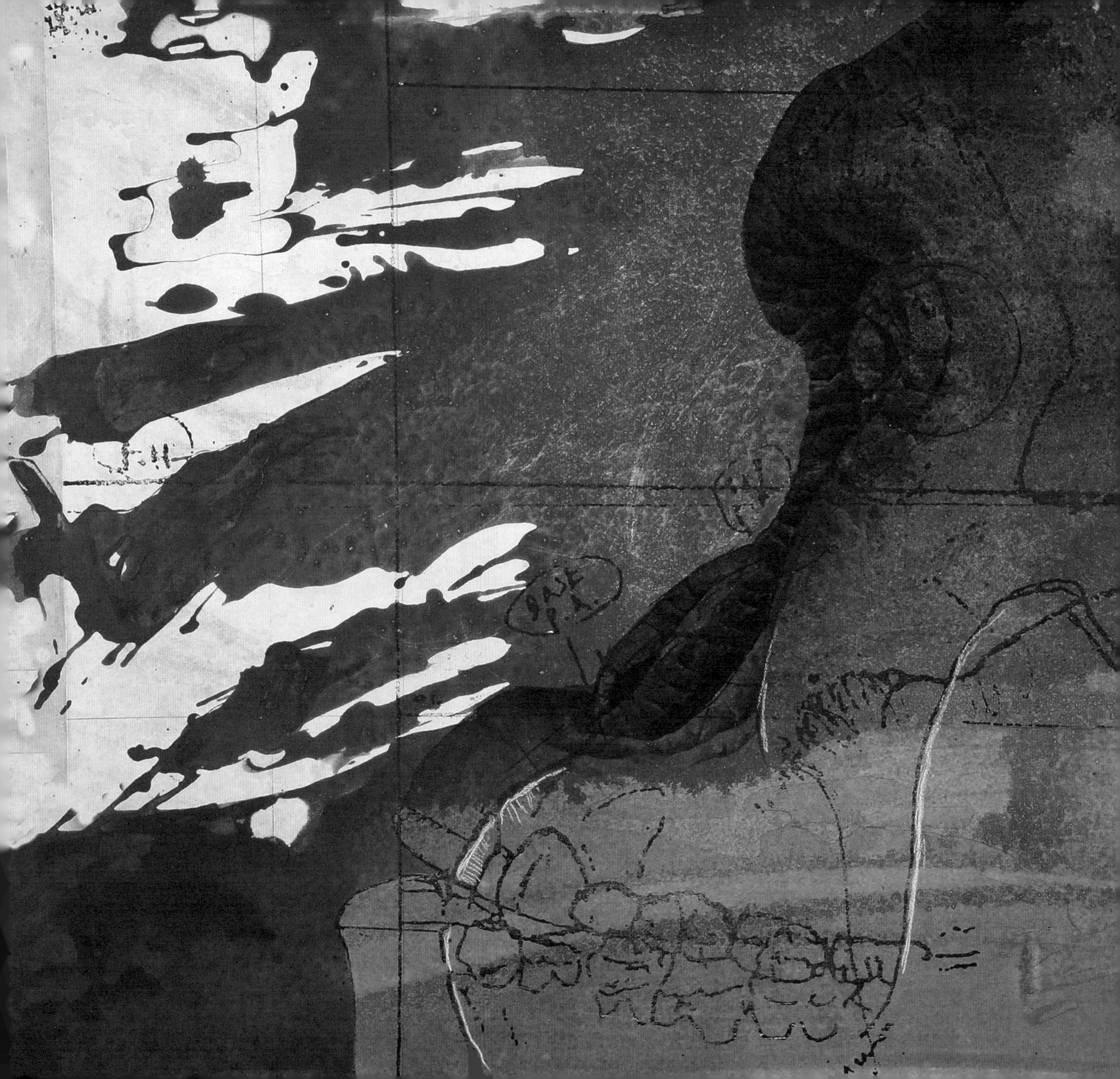

左图：
重建中的雄性非洲南方古猿面部。石墨，丙烯

下图：
雄性非洲南方古猿面部。红色粉笔，木板

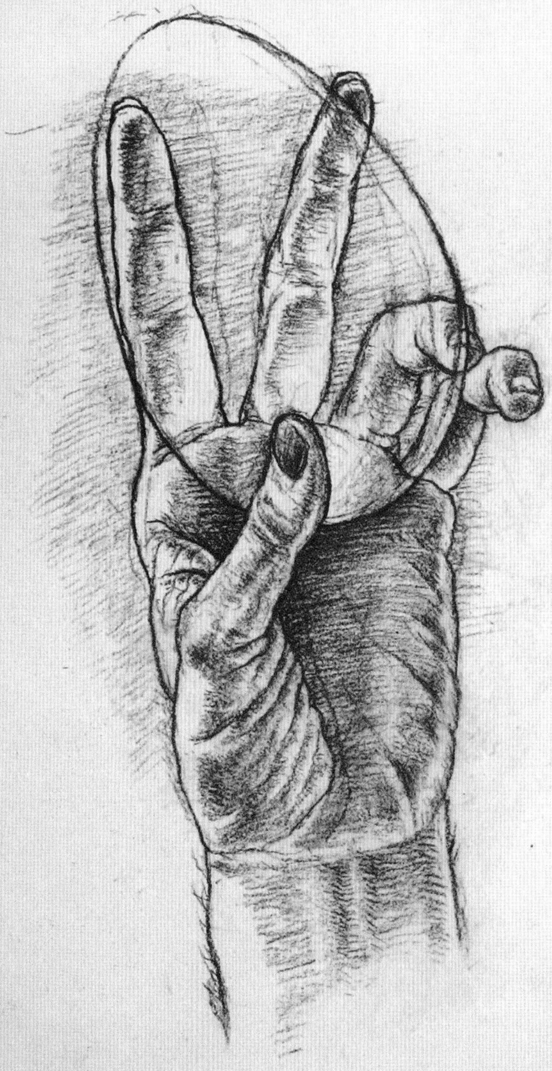

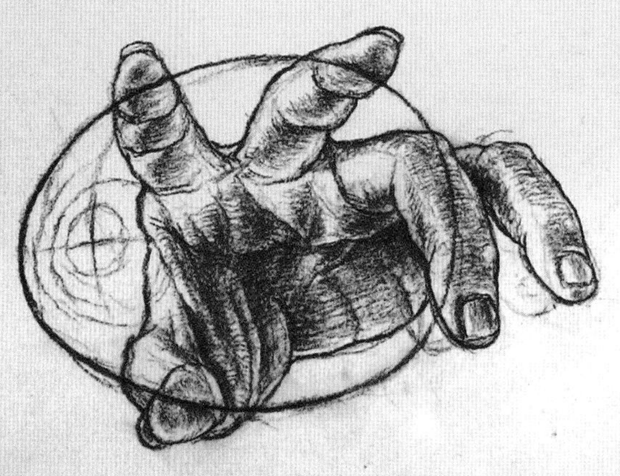

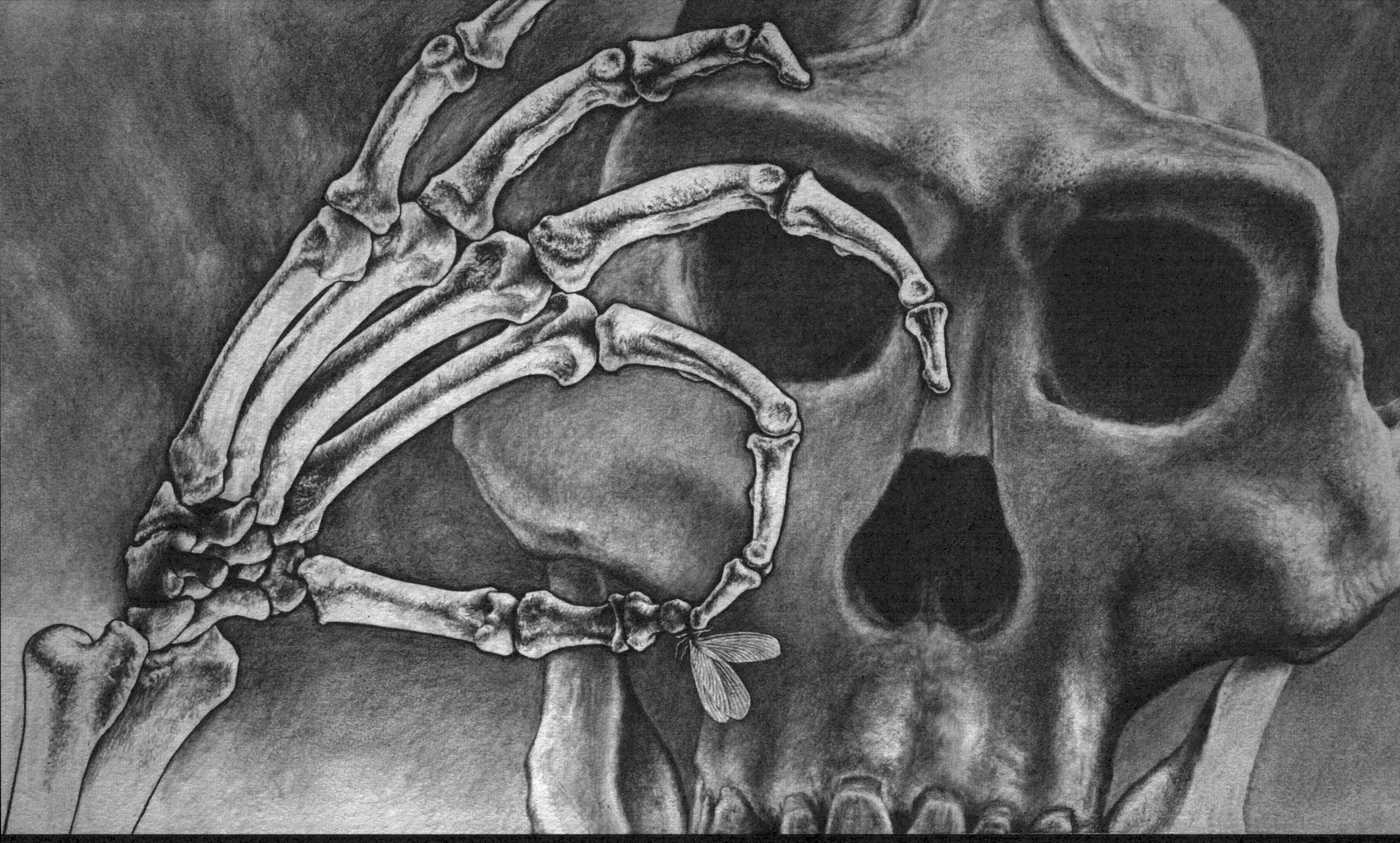

上图：
雄性阿法南方古猿骨架，手捏白蚁。石墨，木板

左图：
阿法南方古猿手部，握有鸡蛋。红色粉笔，

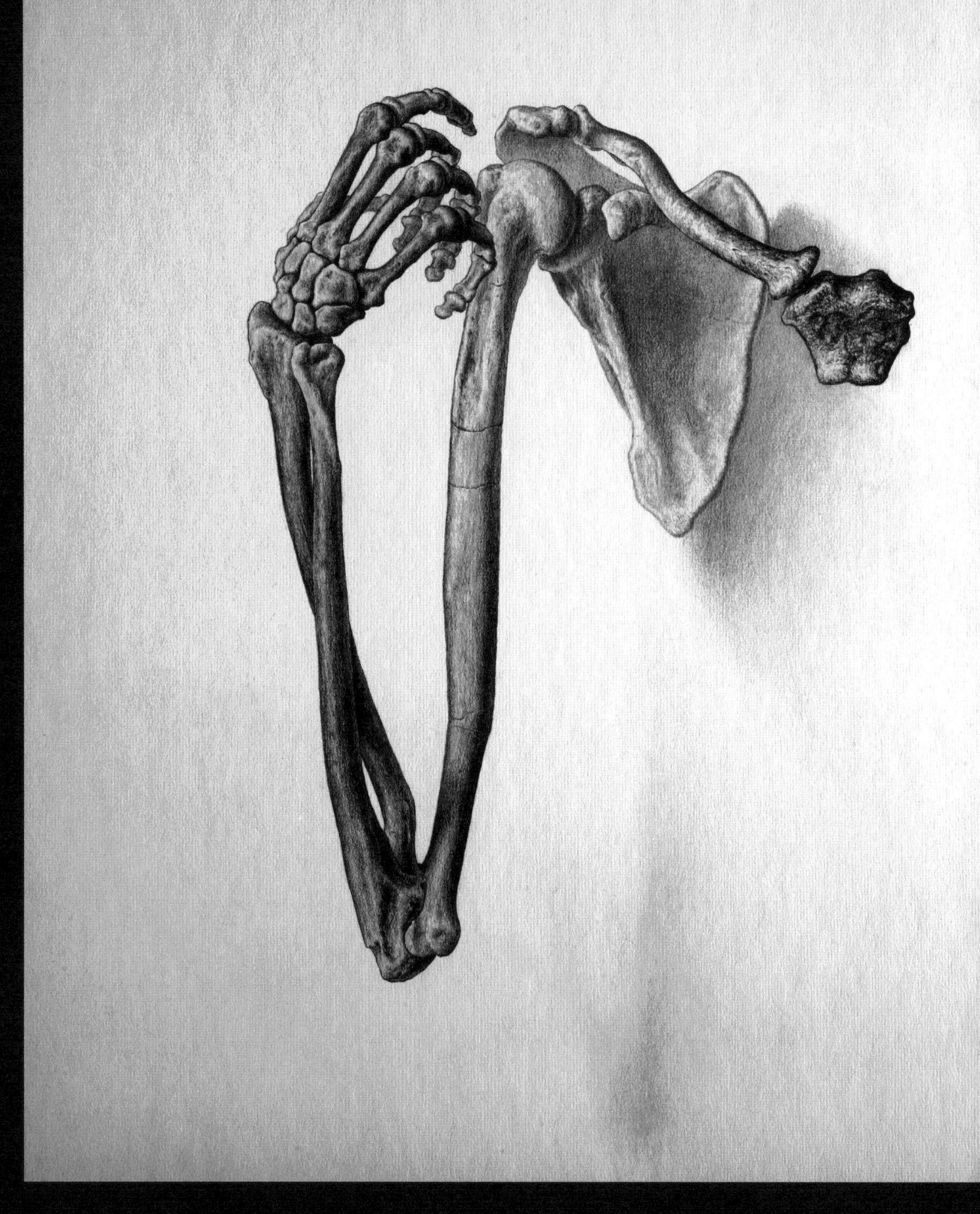

上图：

雌性源泉南方古猿，肩膀、手臂和手部骨骼。石墨，木板，数码着色

右图：

源泉南方古猿骨架重建，带有科学现状符号。墨水，丙烯，数码技术

第 100~101 页图：

（从左往右）雄性黑猩猩、阿法南方古猿、非洲南方古猿和智人骨架。石墨，丙烯涂层画板

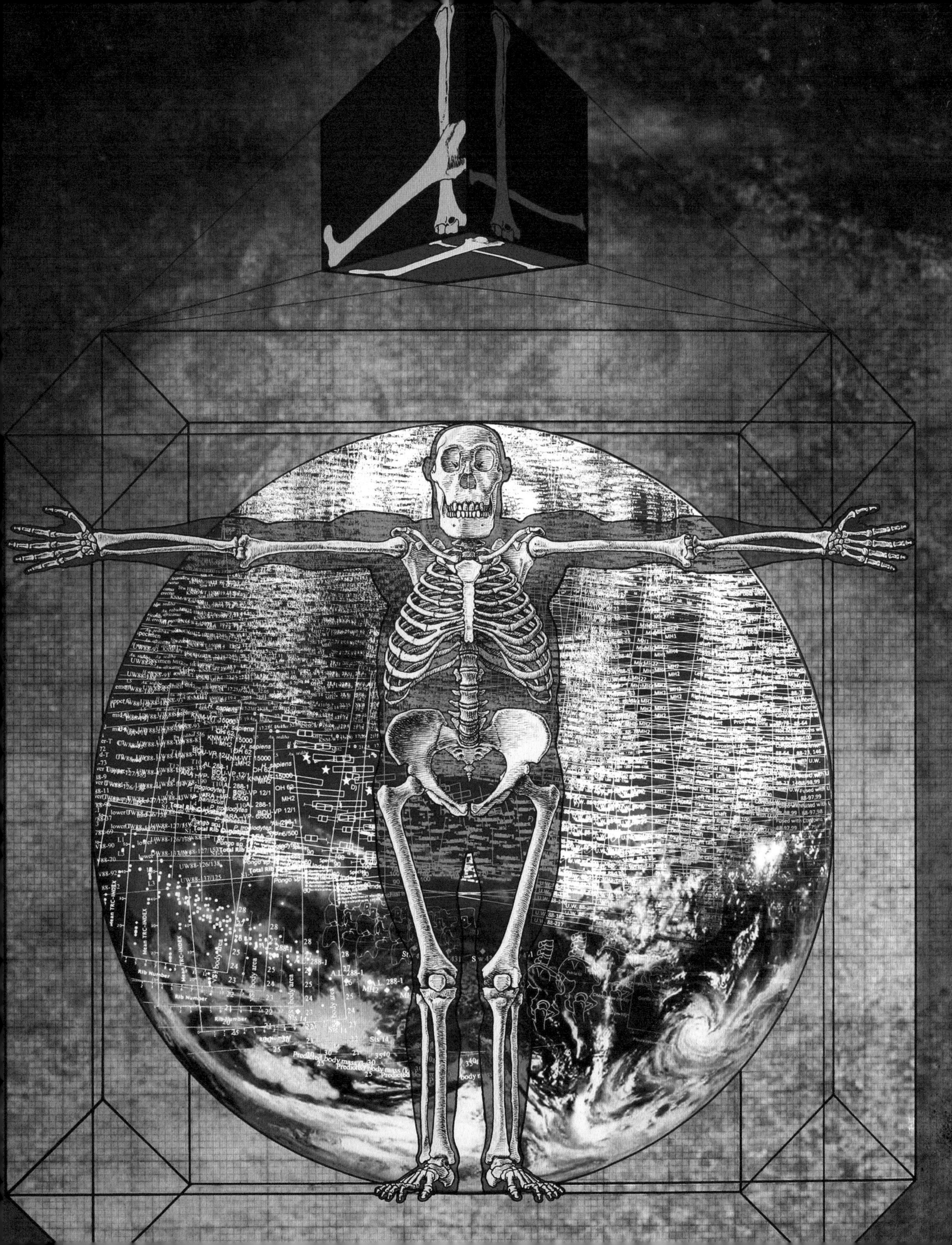

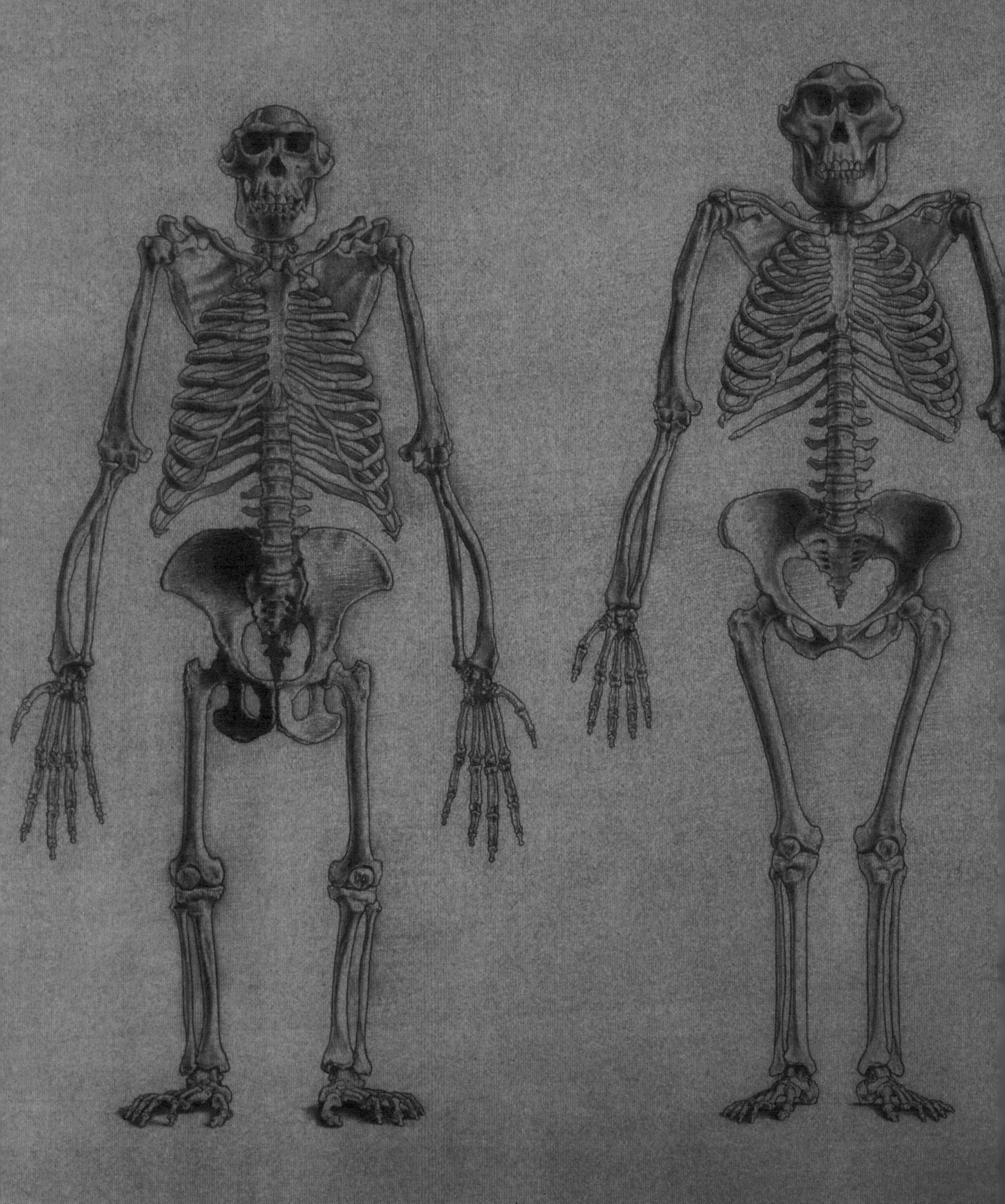

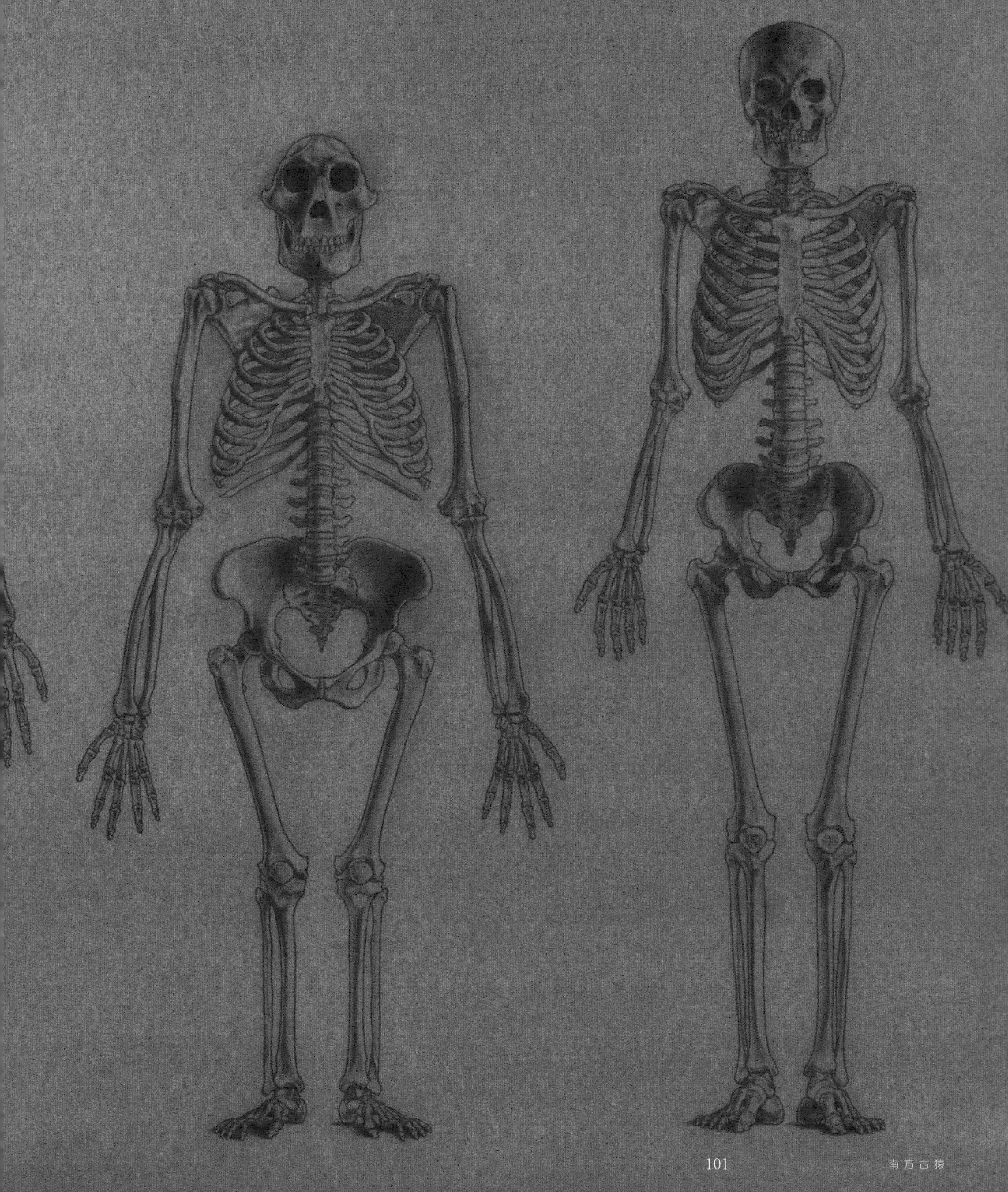

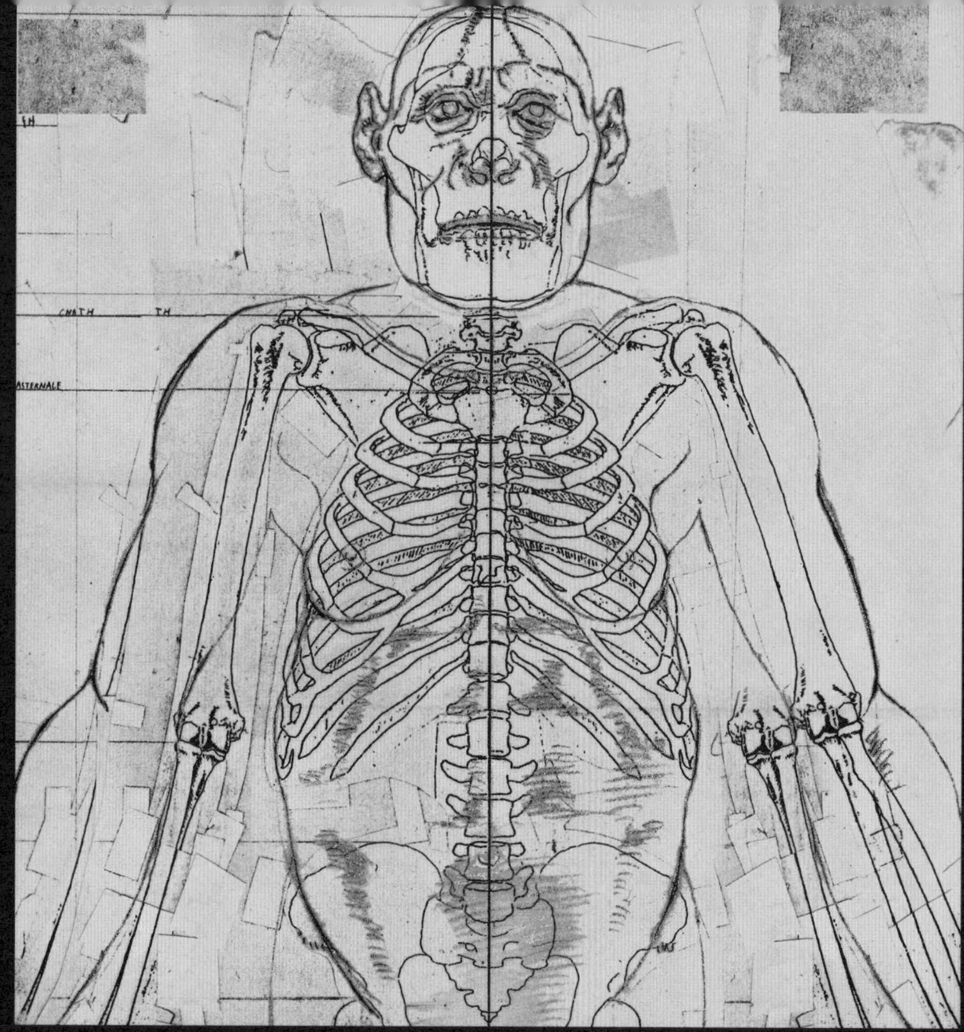

左图：
雌性非洲南方古猿骨架和身体轮廓。石墨画影印，丙烯涂层画板，钢笔，墨水

下图：
雄性非洲南方古猿重建骨架与选定的肌肉组织。钢笔，墨水，丙烯涂层画板

右图：
非洲南方古猿。红色粉笔，木板

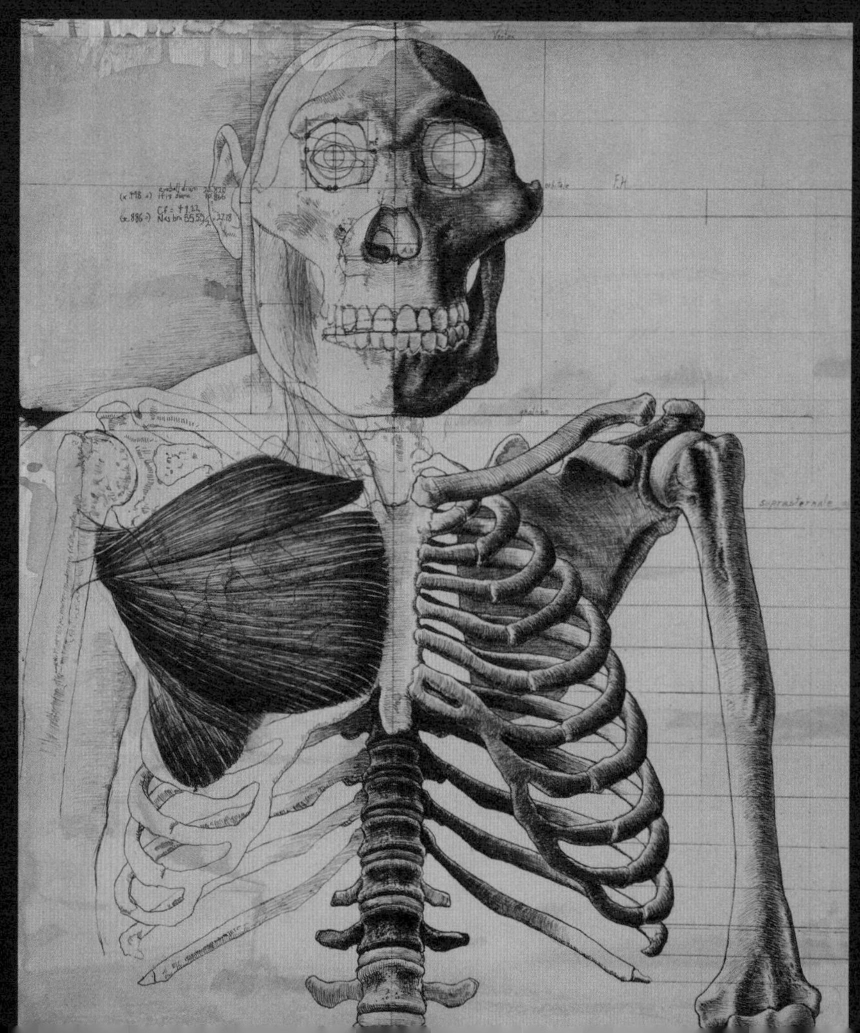

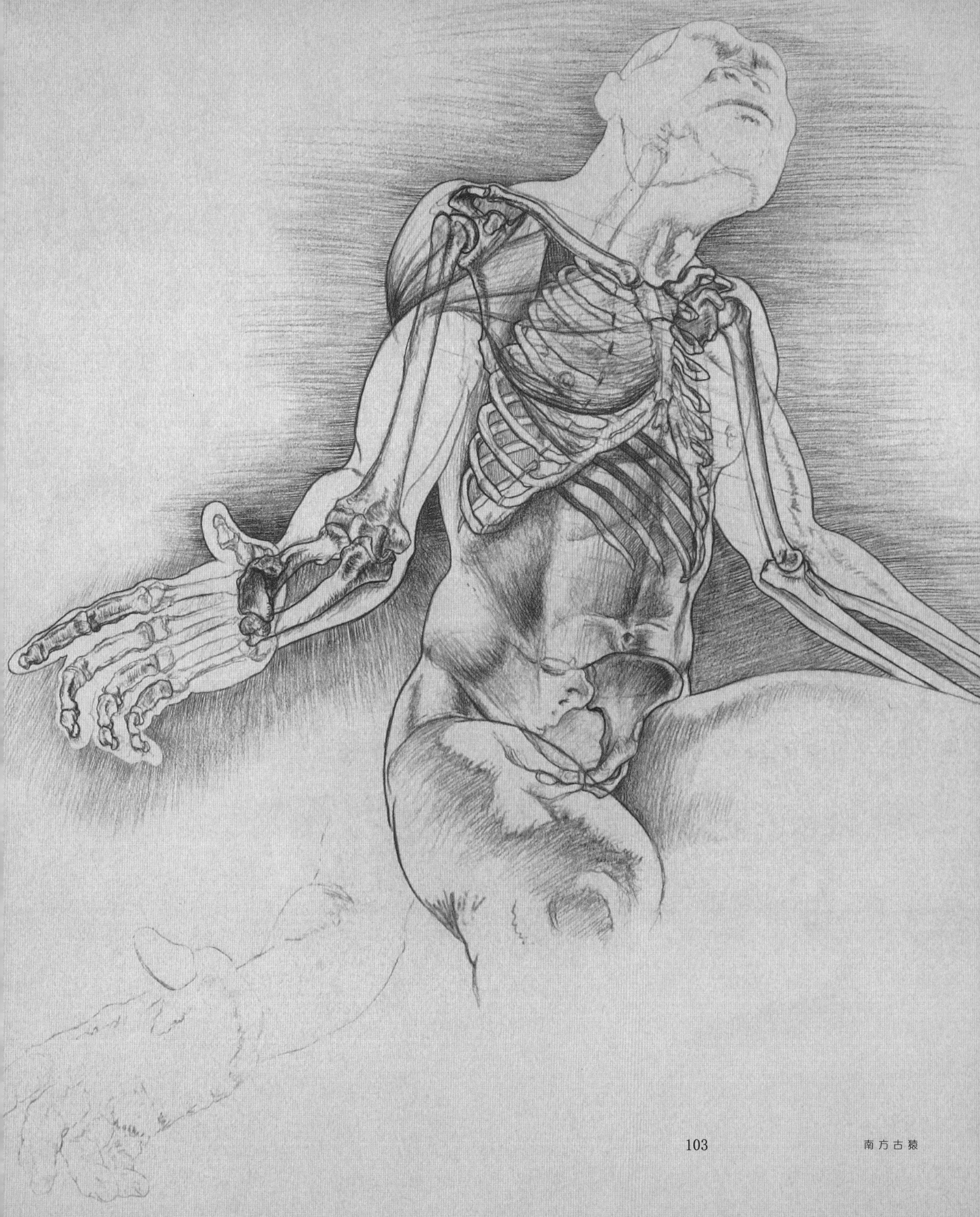

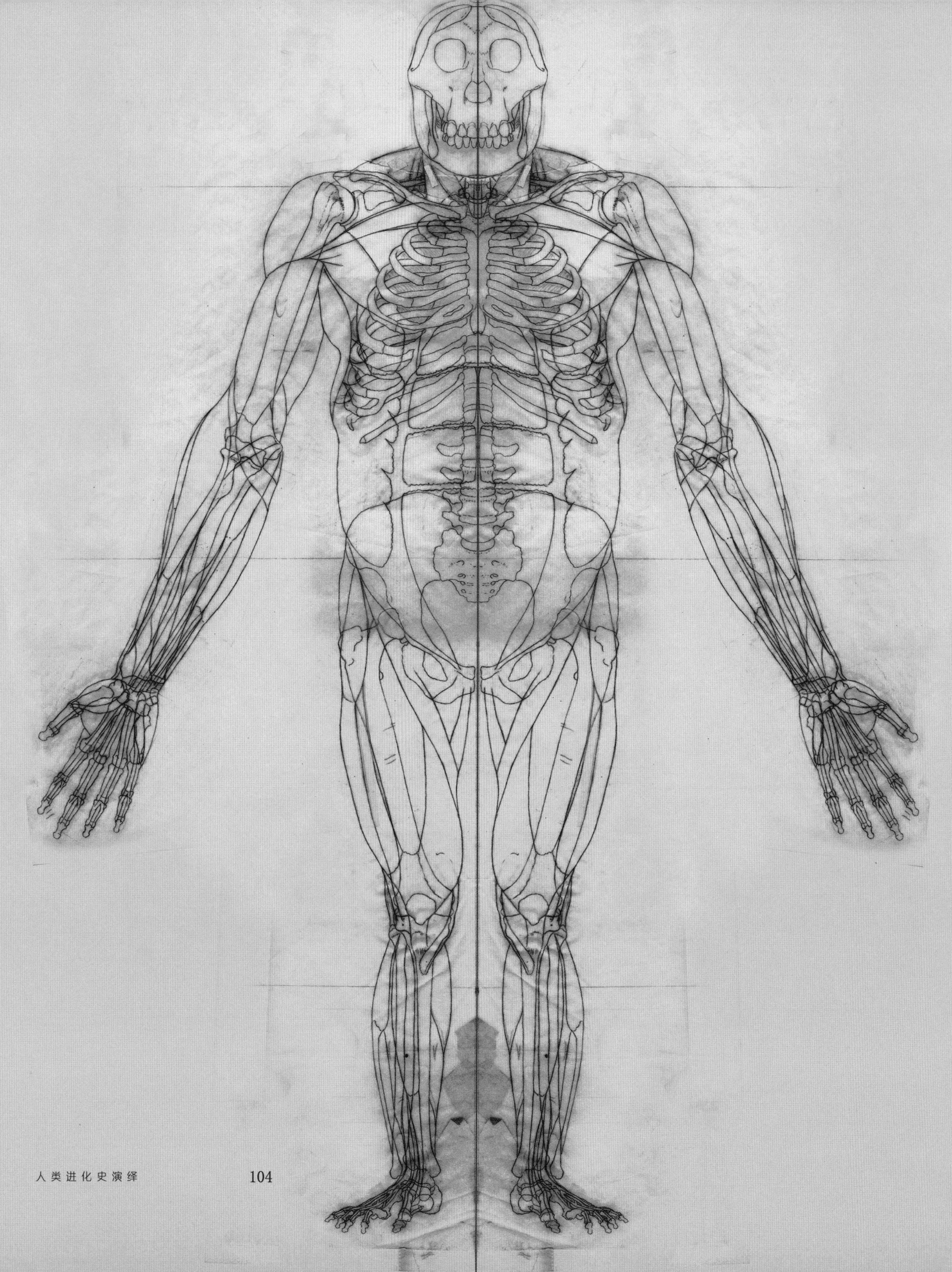

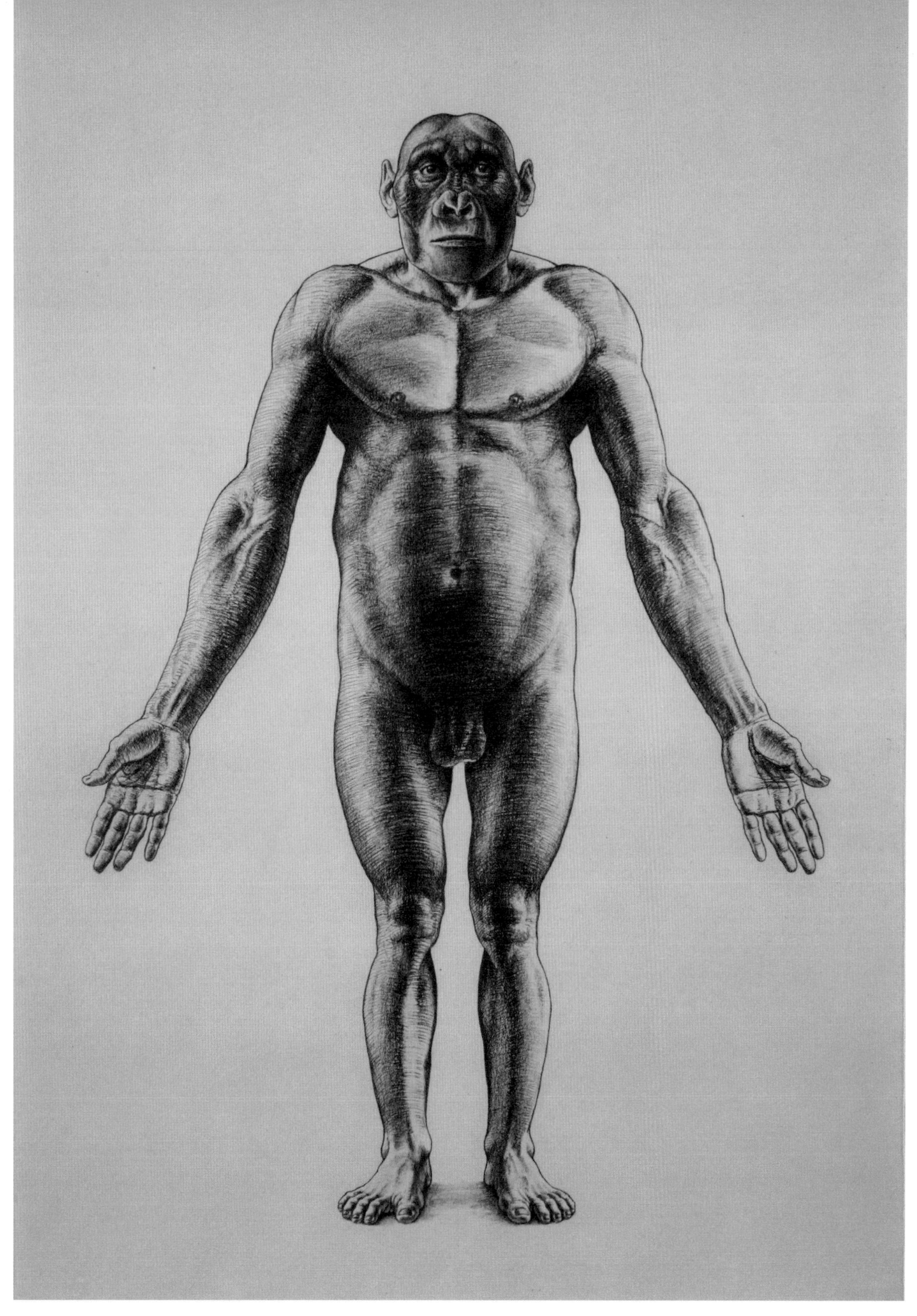

上图：

雄性非洲南方古猿。石墨，木板，数码着色

左图：

雄性非洲南方古猿。石墨画，叠加效果，数码着色

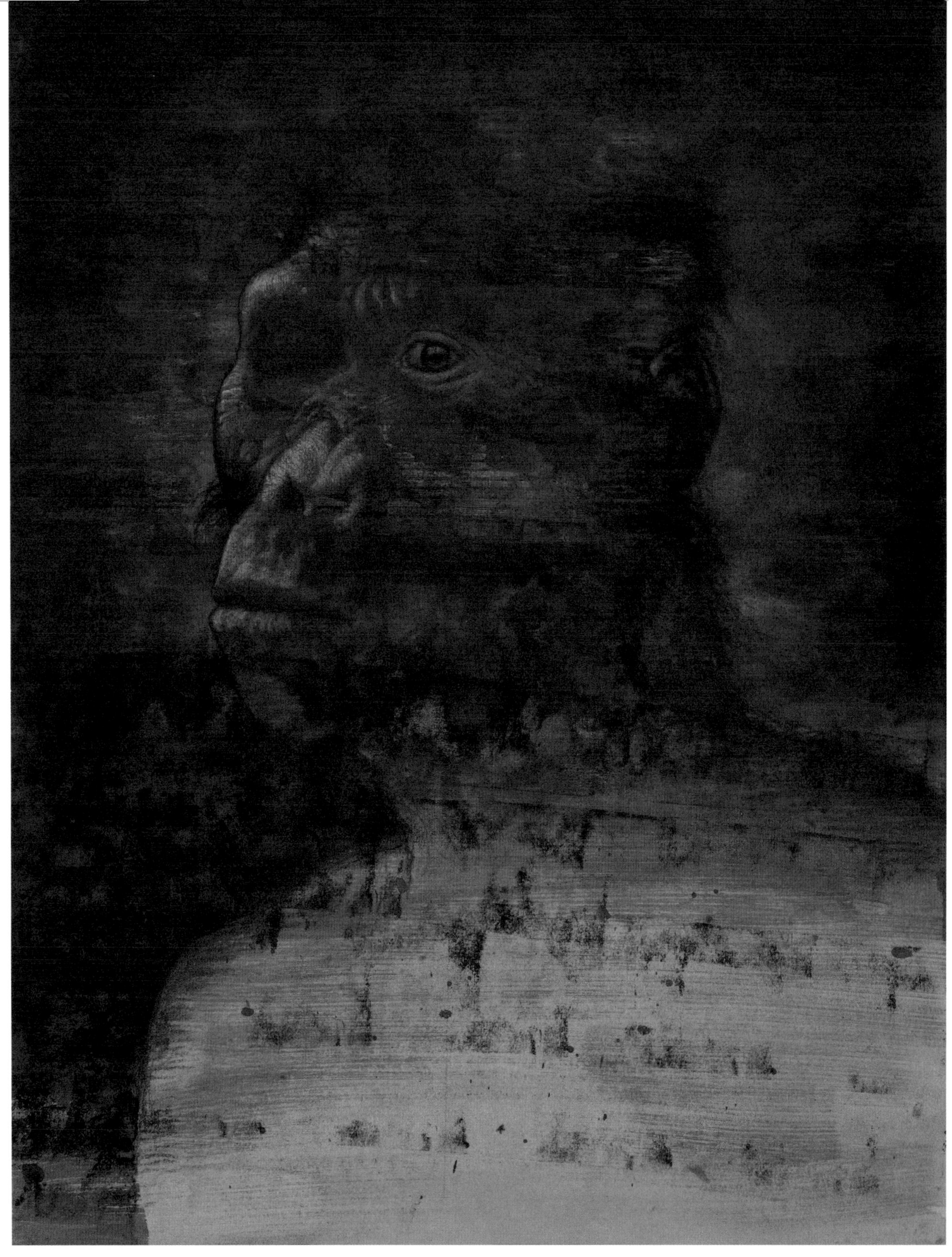

上图：

雌性非洲南方古猿。墨水，丙烯

右图：

雄性非洲南方古猿。石墨画转至木板上，丙烯涂色

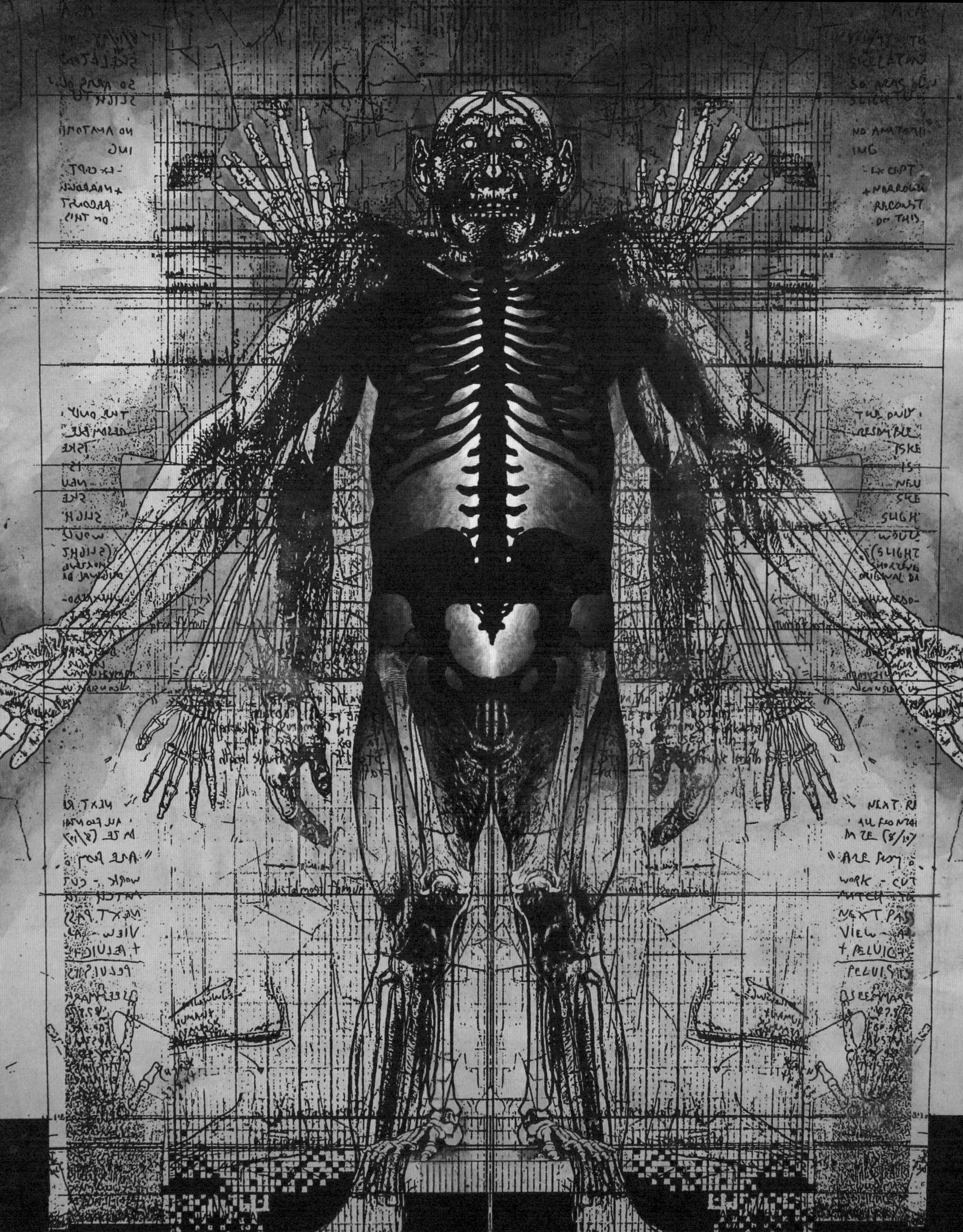

上图：
行走中的雄性非洲南方古猿形象。石墨，木板

右图：
怀孕的非洲南方古猿形象，可见腰椎。钢笔，墨水，丙烯，木板

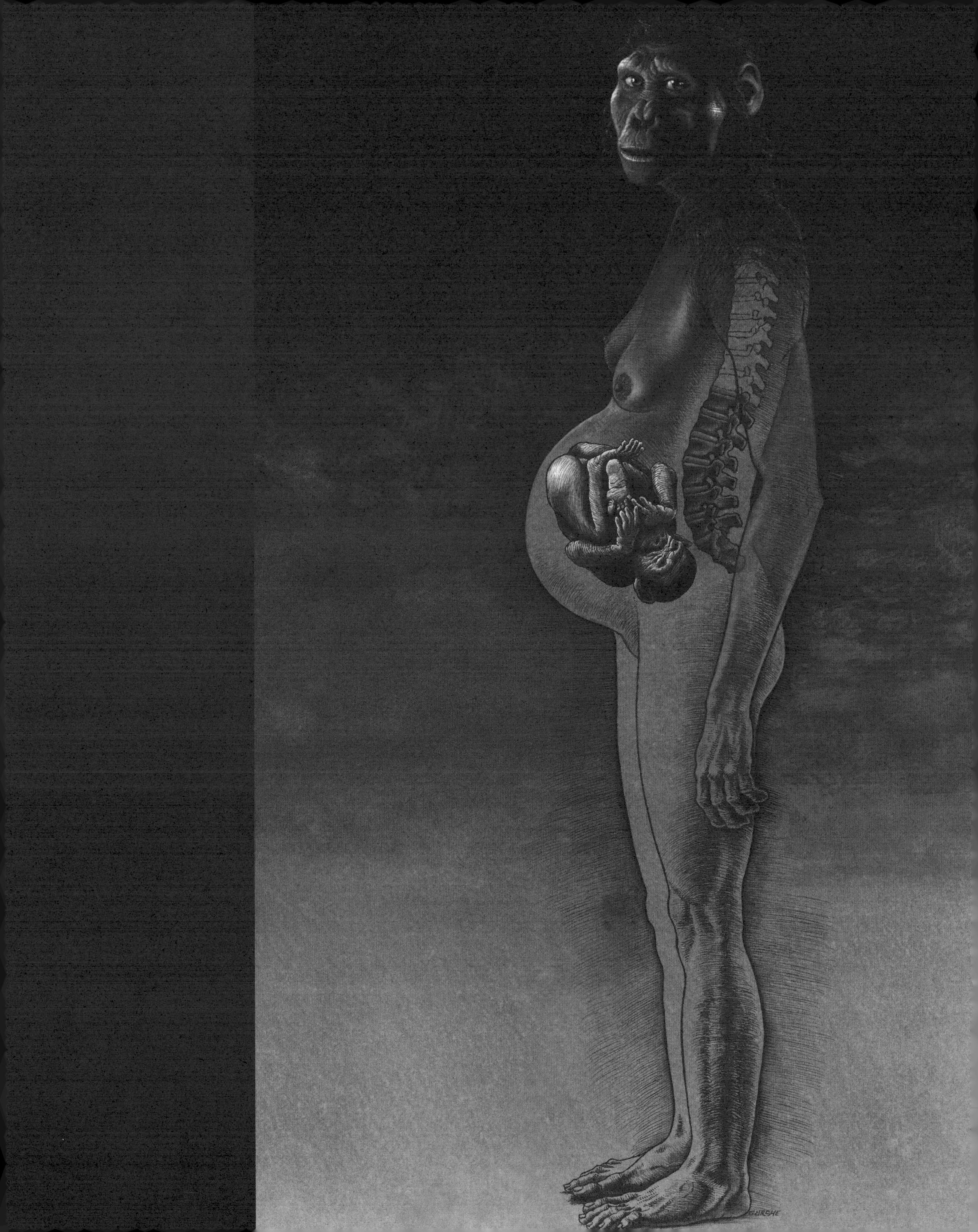

人类进化史演绎
110

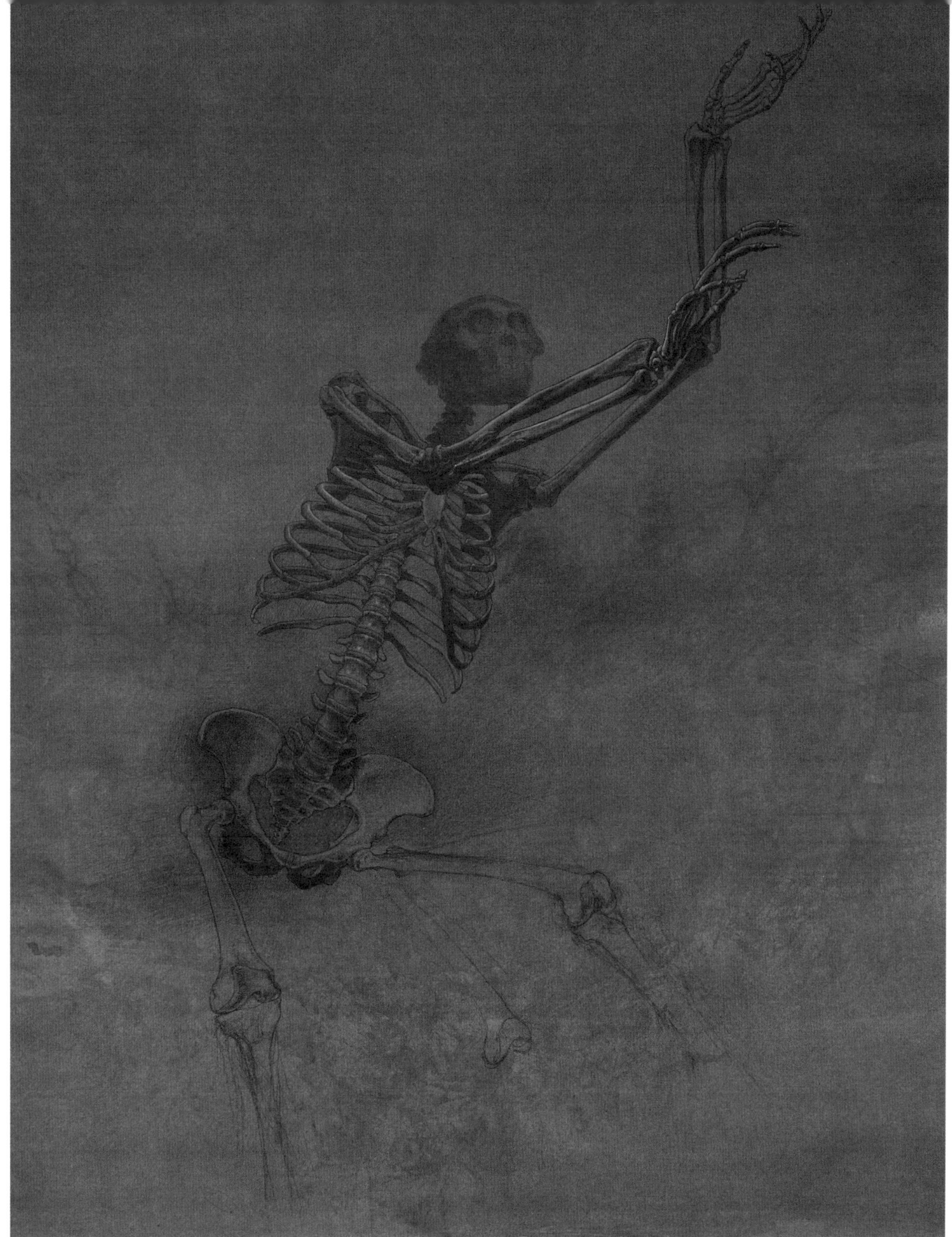

上图：

雄性非洲南方古猿。石墨，丙烯涂层画板

左图：

雄性非洲南方古猿。石墨，彩色卡纸

LOST ANATOMIES

瑞克·波茨
Rick Potts

ARCHAIC HOMO

古代人属

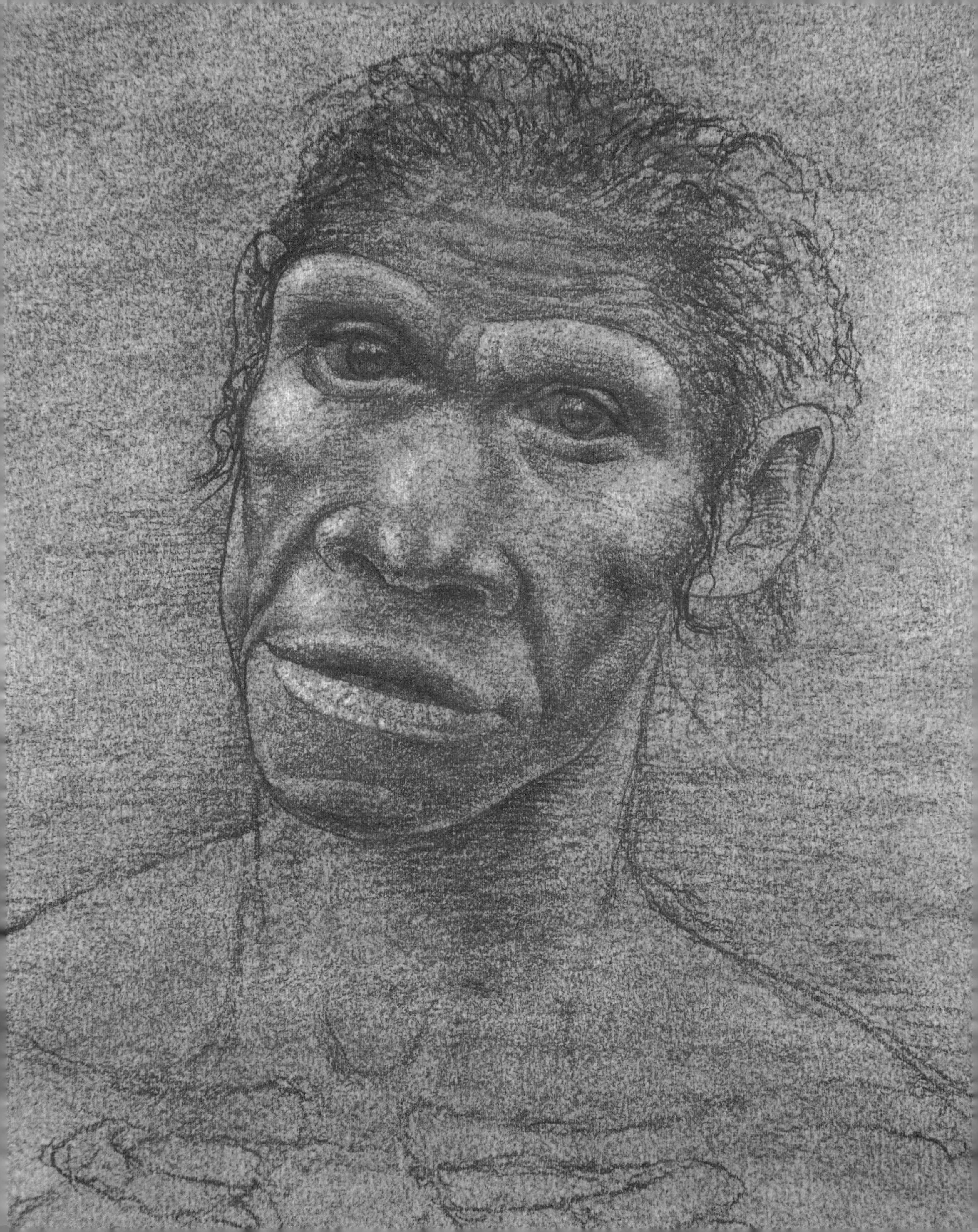

第 113 页图：
女性直立人形象。红色粉笔，画纸

左图：
男性鲁道夫人形象。黑色粉笔，水彩

我们祖先的化石遗骸就像记忆，记忆的碎片有彩色的也有黑白的，仿佛来自梦境。它们能留下模糊的印象，也能用喜悦或不祥的预感让我们震惊。我们这些研究化石骨骼的人试图弄清楚它们的意义，努力对这些碎片进行描述、测量和分析，相信我们的科学努力将以某种方式揭示人类灭绝的表亲和祖先的最重要的信息。借助分析技术，我们了解到这些灭绝的亲戚是为何独一无二，他们是如何移动、进食，以及他们是如何克服困难，将遗传基因一次次延续下去。当然，这个故事不是由这些骨头最初的主人来讲述的，而是由我们来讲述的。从我们生活的角度来看，这无异于一个传说。

当检测人类的进化群体即人属化石时，这种寻求理解过去对现在的吸引力是最强大的。这些特定的骨头——脑壳和额头、手指和脸、胫骨和脚趾的碎片——看起来和我们的非常相似，对于它们的描述无疑暗示着我们今天的人类。但事实上，这些来自过去的蛛丝马迹很难用他们自己的方式去理解，就像我们现在很难找到关于他们生活的准确描述一样。过去确实是一个陌生的地方，对于那些被未知所吸引的人来说，这个地方是难以抗拒的。

当然，我们确实有线索。在肯尼亚一个名叫莱尼亚莫克的地方，在那尘土飞扬的山坡底部，我第一次感受到挖掘化石人骨的激动。我称它为“雪茄男”，因为这根股骨骨干已经残破不堪，无法区分是哪一个物种的，它就像一根粗雪茄。这个化石圆柱体本身几乎不能揭示什么——除了它被发现的地方暗示了一个危险的故事：在一个有着 334000 年历史的矿穴里，有被啃咬过的斑马和羚羊的骨头，骨头上有迹象表明鬣狗很喜欢这些被拖到它的巢穴里的四条腿和两条腿的俘虏的味道。这根人类大腿的末端已经被咬掉了。没有血，所有的肌腱和神经都已经腐烂了。就只剩下这块骨头在地上躺了几十万年。然而，这条大腿有主人，肯定是一个有感知能力的生物，

右图：
女性能人形象。红色粉笔，黑色粉笔，画纸

认识事物，哭过，可能对别人有爱。他也许是在一个无辜杀手的凶狠魔爪下圆瞪双眼死去。

写剧本太容易了。然而，满足于认为化石只是骨头，就等于失去了它们的主人呼吸和奋斗的现实。

化石人属是谁？这是一组与人类关系最为密切的灭绝物种，他们的进化史充满了可以定义人类的标题：大脑的扩张，对人造工具的依赖，漫长的成熟期，以及最终复杂的象征行为和遍及全球的多样化文化。当然，我们是这个物种全盛时期的幸存者——大多数研究人员认为有 7~11 个（还在统计中的）不同的谱系。在我们这个进化群体中，物种的不同命运就像是一出戏剧：起源，灭绝，迁移，以及随着人类地理范围的扩大而对不同环境和不同栖息地的适应。

人属起源是人类进化研究中面临的重大挑战之一。根据目前的发现，我们这个属在 300 万年前开始了它的进化之旅。更小的臼齿，以及牙齿和下颚的其他更精细的外观，标志着人属与南方古猿的微妙分离，或许表明一种新的饮食方式给人类谱系最初的推动。石器制造、牙齿尺寸缩小和大脑扩大相互依存的程度——以及这一系列的适应是否在人属起源中起着决定性的作用——还有待确定。这些化石只提供了几十万年间这些古人类罕见的、支离破碎的一些片段，而仅在大约 200 万年前，大脑扩大——人类谱系的决定性发展——在化石头骨中已经变得非常明显，足以证实人属已经在非洲生物群中站稳脚跟了。无论是保存的巧合，还是自适应可能性的真正繁荣，被我们称为鲁道夫人（第 114 页）、能人（第 117 页）和直立人（第 113 页和第 136 页）的谱系就出现在大约 200 万年前的化石记录中。

无论是进化过程的剧本，还是莎士比亚戏剧，弄清角色的独特品质都是很重要的。如果无缘无故把罗森克兰兹误认为是哈姆雷特，都会令人陷入绝望的困惑中。（那我们怎样才能真正了解尤里克呢？我们只能看到他的头骨。）虽然早期的人属物种在身体、大脑和牙齿大小上部分相同，但通常都比南方古猿拥有更大的大脑和身体。尽管如此，早期的人属还是令人困惑。发达的大脑和小牙齿是能人的特征，然而这些特征是跟南方古猿的小型体格结合在一起的。更大的牙齿和脑壳以及扁平的、呈方形的下颌部，都是鲁道夫人的特征。最古老的直立人化石的下颌部更圆，牙齿小，脑壳稍微光滑些，体积与同时代谱系的相同。直立人也进化出了跟人类相似的身体比例，相对于躯干而言腿部变细长了（第 134 页）。任何哺乳动物腿长的增加都标志着它们的活动范围更大，这种生物能够活动的距离就更远。因此，在 170 万年前，直立人还冒险进入了非洲以外的地区，并散布到了东亚，这是讲得通的。

虽然对剧中人的这些描述似乎已经相当清楚了，但关于最著名的直立人却很麻烦。格鲁吉亚共和国的德马尼西是已知的最古老的直立人遗址之一，在那里发现了令人惊异的脑壳形状多

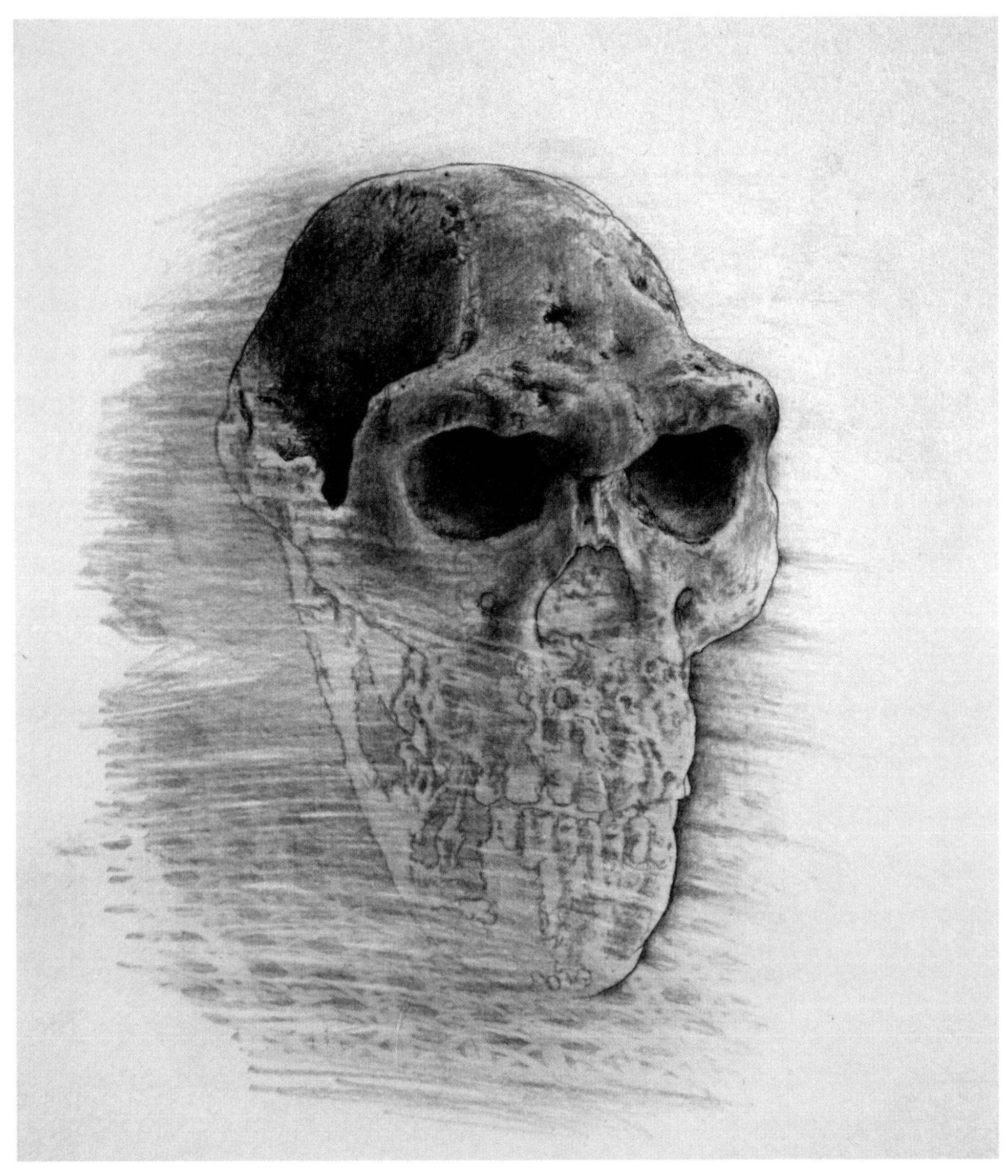

样性，我的一些同事认为这意味着所有的早期人属化石都属于一个单一的、可变的直立人谱系。但另一些人认为，同样的德马尼西发现提供了三个不同的物种，他们不幸死在了面积不过一个小剧院舞台大小的一块区域。早期人属是一部多么好的作品啊！

直立人通常被认为是南方古猿和我们人类之间最显著的联系。事实上，直立人曾经被描绘成人类的一次巨大飞跃，他们不仅具有更大的大脑和更长的腿，而且还拥有广泛的饮食、漫长的成熟期以及制作复杂手斧、控制火种和在大本营建造蔽所的能力——与现存的狩猎采集者相似的活动。然而，事实证明，直立人远比这种一厢情愿的想法要复杂、迷人得多。正好相反，这些明显的人类特征是在过去的不同时期单独进化而来的，而不是在一个决定性的时间段内作

上图：

直立人。来自格鲁吉亚德马尼西的5号头骨。石墨，画纸

左图：

直立人。来自格鲁吉亚德马尼西的3号头骨。石墨，钢笔，墨水，丙烯，粉状颜料，木板

右图：
少年男性直立人形象，与成年男性纳莱迪人形象。钢笔，墨水，丙烯，石墨，木板

为一个整体进化的。

身体的成熟是个很有趣的例子。虽然早期直立人的身体比例看起来和我们很像，但这种相似性是生长期更短的结果。牙齿萌出的时间提供了核心观点。我们称颊齿为“12 岁的臼齿”，原因在于这是儿童的典型萌牙年龄，而直立人的颊齿大约在 8 岁时就从牙龈中萌出，这更符合我们类人猿近亲的生长速度。相比之下，智人生活在慢车道上，这一事实对我们这个物种的特征有着巨大的影响。在我们生命的头六年里，大脑发育所耗费的巨大能量导致了整个童年的漫长生长，这让孩子们有时间玩耍、学习，并积累大量的社会经验和生存经验。父母的照料所带来的考验和磨难——教导，奖励，所有的痛苦和忧虑——都是我们每个人在童年和青春期花费多年摸索和探索周围环境时所必需的。如果没有这漫长的生长期，我们就不会以我们物种的文化方式生活。早期的直立人没有漫长的生长期；在 100 万年前的某个时候，人类发展的时机发生了转变，这一转变就记录在我们物种和尼安德特人的牙齿上。

在我看来，已经灭绝的人属谱系的生活方式终究是个谜。只要有可能，我们就试图在他们的故事中看到我们自己。然而，他们留下的东西并没有我们想象的那么熟悉。从非洲直立人开始，再到后来的人属，我们发现卵形的石手斧和其他大型切割工具被埋在一层又一层的沉积物中，大约有 150 万年之久。以当今缺乏耐心的发明标准来看，手斧在如此漫长的时间里一直作为主导技术，这似乎很荒谬。这些工具是一种目前还尚不为人所知的文化生活的证据。

能够制造出最大的大型切割工具，证明我们可以赋予古代人属一个更深层次的特点：他们身体的绝对力量，这在他们强壮有力的骨骼中显而易见。纤细的手臂、腿和臀部是近代人类的典型特征，是在不到 12000 年前随着一种不那么严酷的生活而发展起来的。即使是最不屈不挠的健身狂人也不可能形成较早类型人属的那种厚实强壮的骨骼。

尽管有这样的发现，我们仍然倾向于假设，我们允许归属于自己属的物种一定是我们自己的合理范围内的复制品。然而，化石物种如佛罗勒斯人和纳莱迪人的出人意料的解剖结构提供了相反的进一步证据。前者最著名的是一具被昵称为“霍比特人”的成年骨架，身高只有 3 英尺 3 英寸（约 1 米），体重或许有 64 磅（约 29 千克）。它的大脑位于已知变异范围的极低端，可以追溯到南方古猿，甚至是乍得沙赫人。

这个物种是怎么加入到我们的分类俱乐部的？尽管该物种体型小，但其头骨形态是标准人属的。他的谱系可能来源于居住在东南亚的直立人种群，很可能就在印度尼西亚的爪哇岛，当时该岛与大陆相连。大约 100 万年前，一小群创始者神奇地穿越了近 400 英里（约 644 千米）的开阔水域来到佛罗勒斯岛。从那时起，直到 5 万年前才灭绝，佛罗勒斯人作为人类的一个独特的、孤立的实验而进化，他们足够聪明，能够在资源匮乏的时候依靠小岛提供的瘠薄资源生

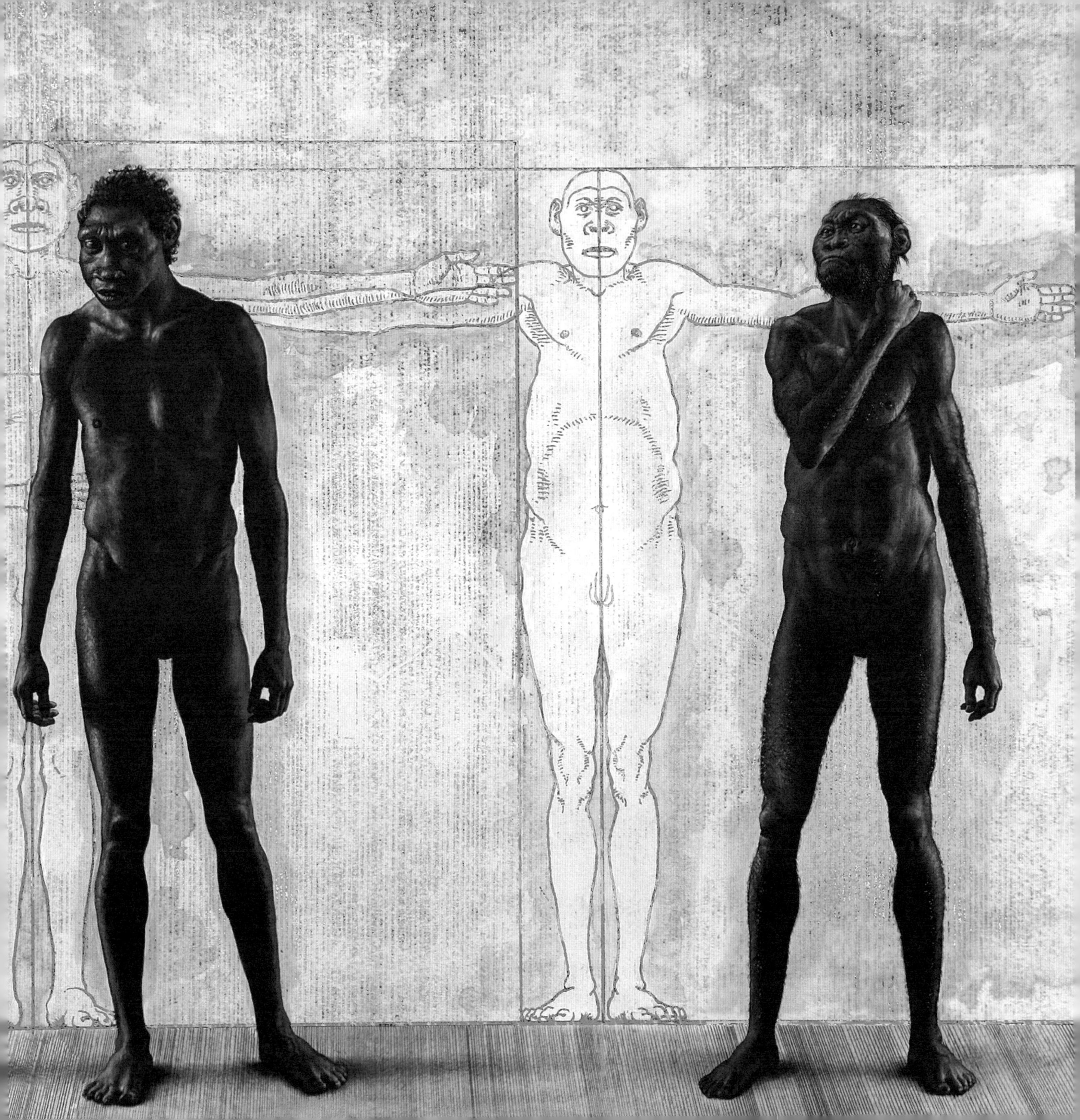

存下来。

鉴于我们对古代人属的期望，纳莱迪人这一物种因其在一具骨架中（第 121 页）融合了进化和原始的特征而赢得了古怪奖。在南非的一个洞穴深处发现了 1500 多块化石，来自于超过 15 个纳莱迪人个体。大脑很小、手指弯曲、骨盆突出，这些特征似乎更适合南方古猿，但牙齿、颌骨、手腕和脚则非常符合人属的特征，而在距今 236000~335000 年的一段近代时间里，关于我们人属进化过程的易变和令人惊讶的本质，已经无需进一步的证据。在我看来，纳莱迪人和佛罗勒斯人的神秘让人想起了生物学家所说的“光荣孤立”。一个隐秘的种群，他们没有参与到身体结构形态不可阻挡的发展中，而是最终获得了表达当前的适应和潜在变化的自由，并作为来自遥远过去的遗产留在我们身边。事实上，博物学家乔纳森·金顿将非洲的生态环境描述为“内陆岛屿的复杂组合——从一望无际的草原中的孤立森林，到一大片陆地中的湖泊，这些岛屿各不相同”。正是更新世时期的非洲的这一特殊面貌，使它成为一个具有惊人创造力的进化多样性之地。显然，人属也不能免于如此光荣的孤立。我敢打赌，我们还会不断发现解剖形态的各种迷人的古怪之处。

古代人属的进化冒险发生之时，非洲经历了潮湿和干燥之间的剧烈变化，世界经受了一轮又一轮的冰川扩张和后退，并伴随着海平面 100 米的变化。虽然有些种群可能将自己局限在相对稳定的环境中，但气候和地形的变化促使其他种群迁移、分裂和重新聚集，导致早期物种一次又一次地出现和消失。这样一个基因库隔离和连接的反复循环的过程，在不稳定的环境中持续了几十年或几千年，是理解过去 100 万年的化石记录中明显的解剖变异多样化的唯一方法。

海德堡人这个大类有助于收集欧洲尼安德特人和我们在非洲的谱系分化时期的许多不同的骨骼变异，根据对古代和现代基因组的研究，这些变异早在 60 万年前就开始了。到 40 万年前，尼安德特人特有的古老 DNA 在西欧出现，而大约 30 万年前，非洲化石显示出与我们物种的特殊亲缘关系。即使在智人的史前遗迹中，我们也发现，在我们的谱系起源之后的至少 20 万年里，粗大的眉脊、棱角分明的脑壳以及其他古老的特征偶尔会与现代人特有的更高级的特征相融合。那么，今天的人类 DNA 与过去来自世界不同地区的遗传输入的易变性相呼应，也许就毫不奇怪了。这一事实说明了为什么对古老的人属物种进行分类并不总是那么容易：物种的起源既不是一个瞬间，也不是一个事件，而是一个断断续续进行着的杂乱无章的过程。

当我们研究这些史前角色时，我们看到身体的适应和祖先的行为随着时间的推移已经发生了改变。人类是从斗争和机遇中进化而来，而那些有助于生存的身体运行方式使其成为可能。激烈的社会性中固有的威胁和善意，周围环境带来的风险和斗争，以及砍掉我们进化树的所有分支的危险，进一步塑造了人属的历史。为了试图理解古代人属，需要我们检查那些曾经被埋葬在过去的破碎形态。当我第一次成为一名致力于古人类学的学生时，我被告知要谨慎对待有关人类起源的认识。有人告诉我，我们对人类进化的了解，就像我们只阅读了 10 页列夫 · 托尔斯泰的长篇小说《战争与和平》，认识了了。在如此有限的阅读中，我们或许可以发现主要人物，并掌握整个故事情节的重要线索。但是最终神秘、奇迹、重大的曲折和变化，只有当我们有机会翻开更多的书页时，才会变得显而易见。

人类谱系的化石呈现了在追求自我认知的过程中最引人注目的困惑之一：我们是一个庞大系谱的一部分，这棵分支众多、形式多样的亲缘关系树，代表着近 300 万年的变化。所有过去属于人属的物种都具有一些区别于我们现在特征的组合，以及更多古老的特征。在这种多样化的谱系中，我们智人——最后的双足直立动物——是唯一留下来的物种。我们的表亲和直系祖先所展现出来的生活方式现在已经不复存在了，这是一个值得思考的问题，哪怕只是因为它反映出我们漫长旅途中生命的脆弱。忽视人类家族进化史上这些已经灭绝的成员，就失去了他们在我们和大自然界之间架起的桥梁。他们就像在我们家里尘封已久的偏僻角落里发现的远房祖父母的破损发黄的照片。我们可能会很感动，并且想知道他们是谁。

对从事这些工作的科学家来说，寻找、发现和分析化石是一项困难而痛苦的紧迫任务。然而，创造性的、可视的艺术把我们带入了一个领域，让我们真正看到被我们带到现在的坚硬、破碎的旅行者。看着直立人的眼睛，看到他眼中闪烁的光芒——狡黠，富有同情心，甚至充满好奇。我们祖先的生活变得个人化，而我们开始发现一些曾经失去的东西。

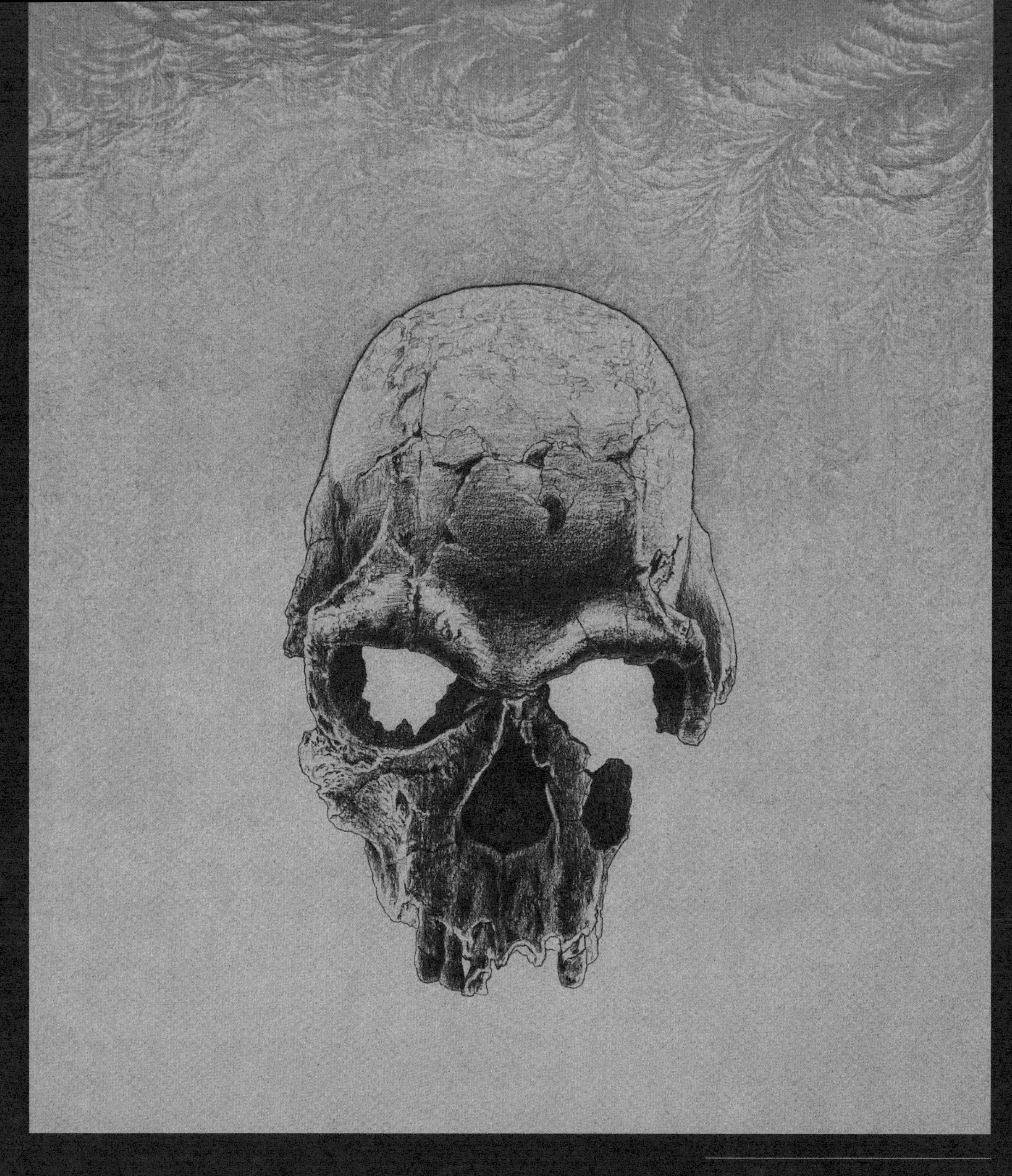

上图：

女性能人头骨。石墨，丙烯涂层霜面画板

右图：

“做梦的大脑”。女性能人。石墨，丙烯，木板

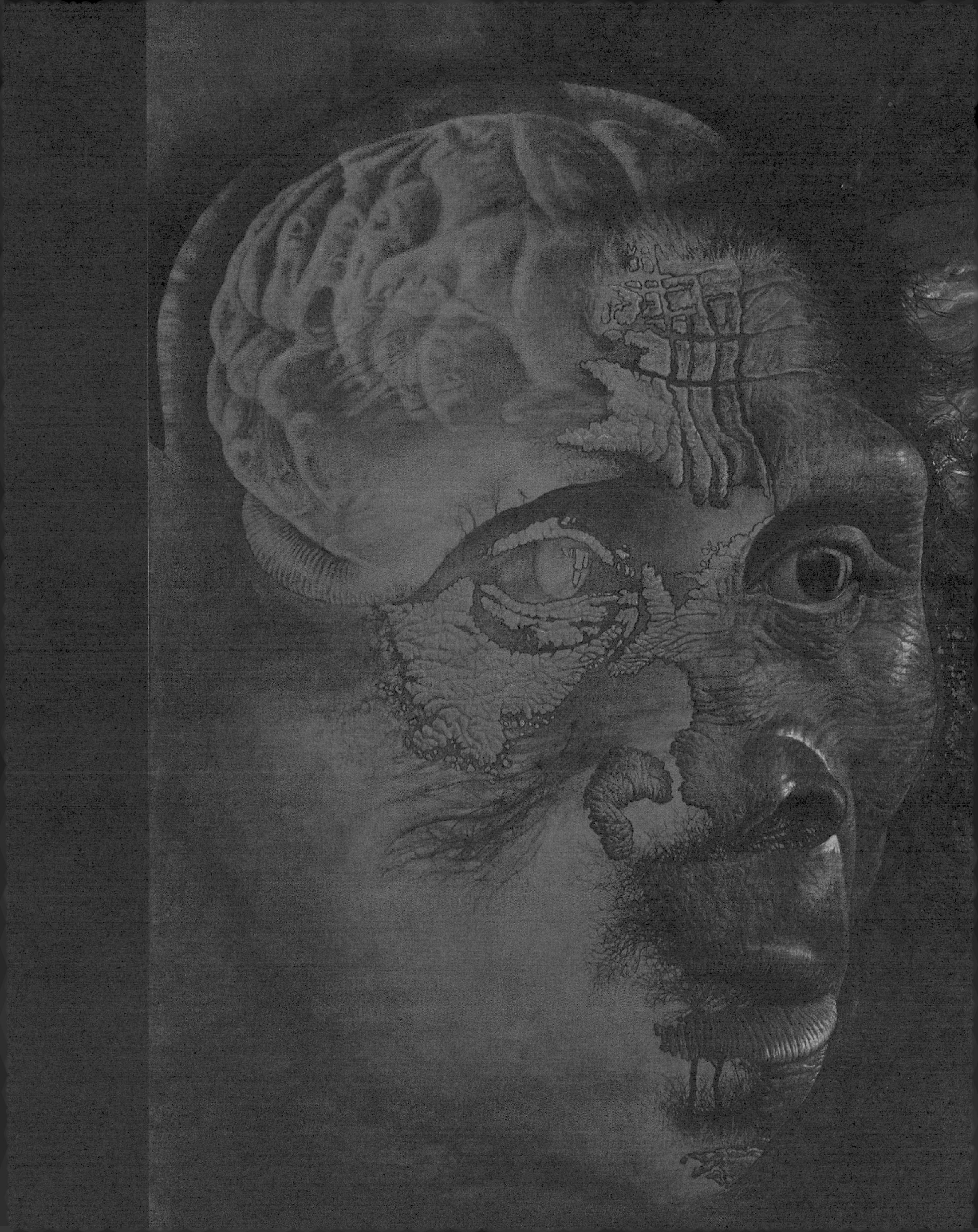

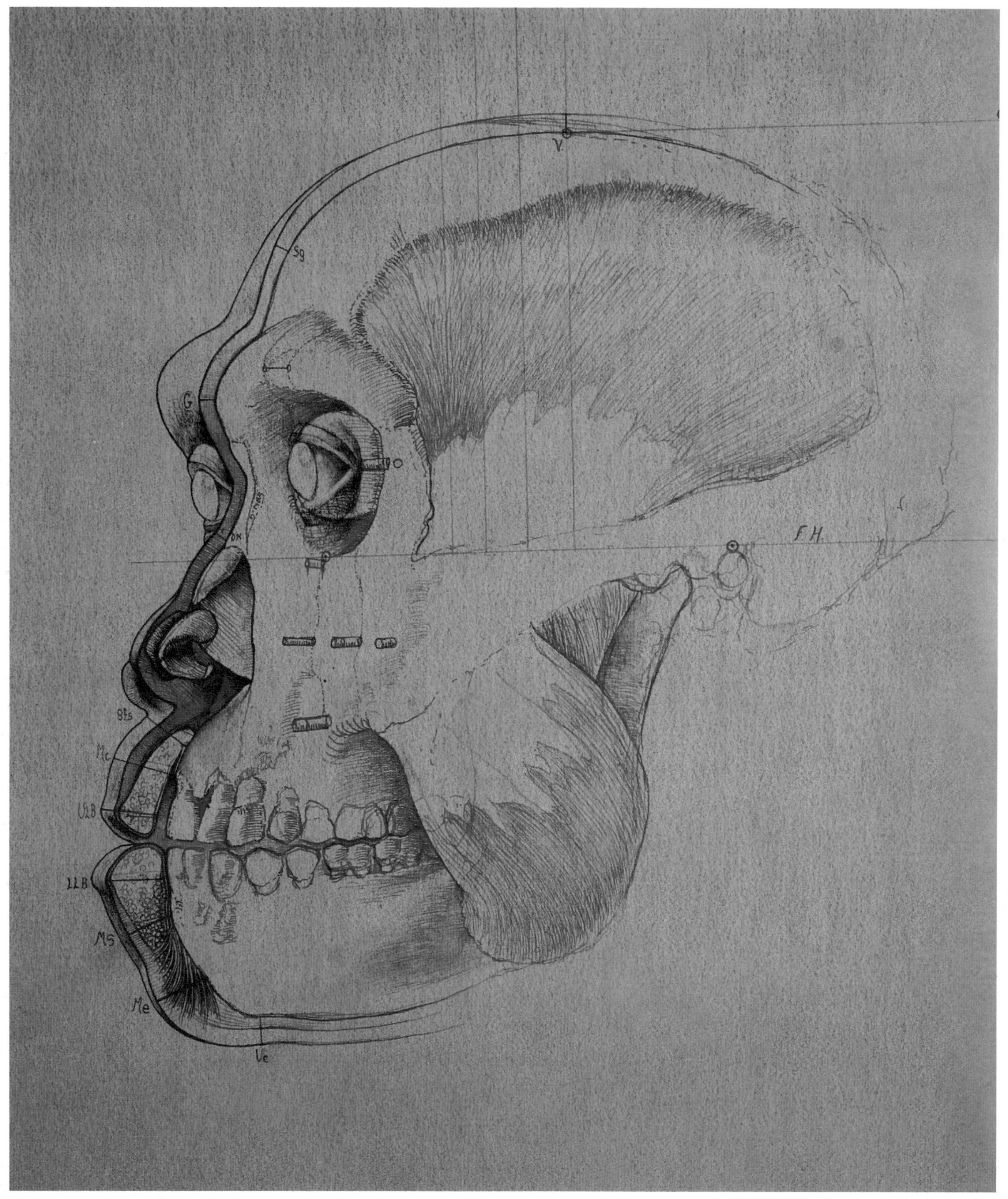

上图：
女性能人，面部深层解剖。钢笔，墨水，丙烯涂层画板

右图：
能人。黑色粉笔，丙烯，木板

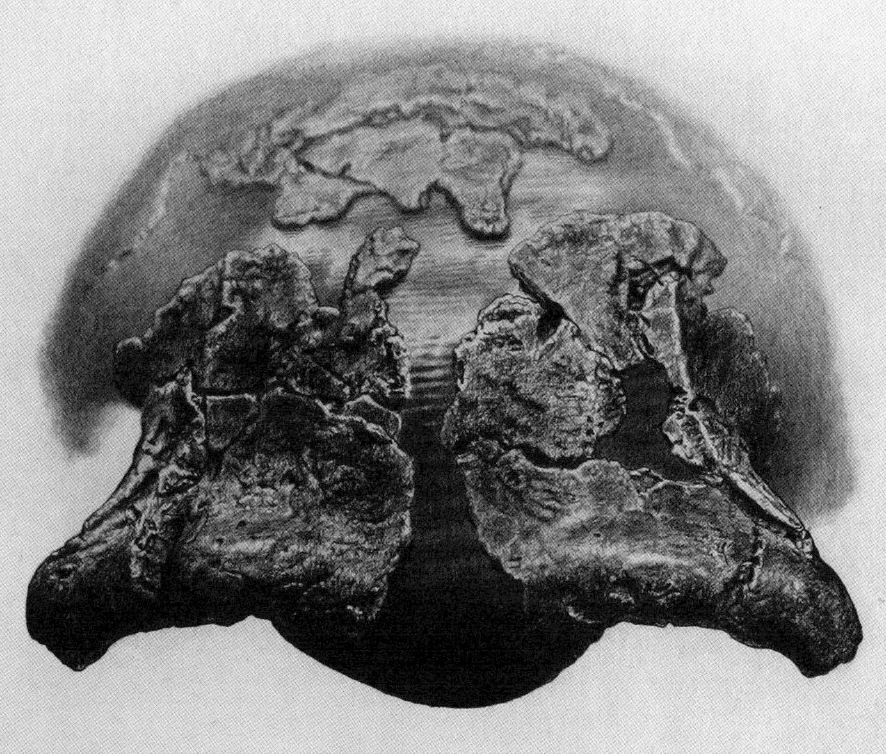

上图：

（男性？）能人部分头骨。石墨，画纸

右图：

假想的男性能人。钢笔，墨水，彩色卡纸

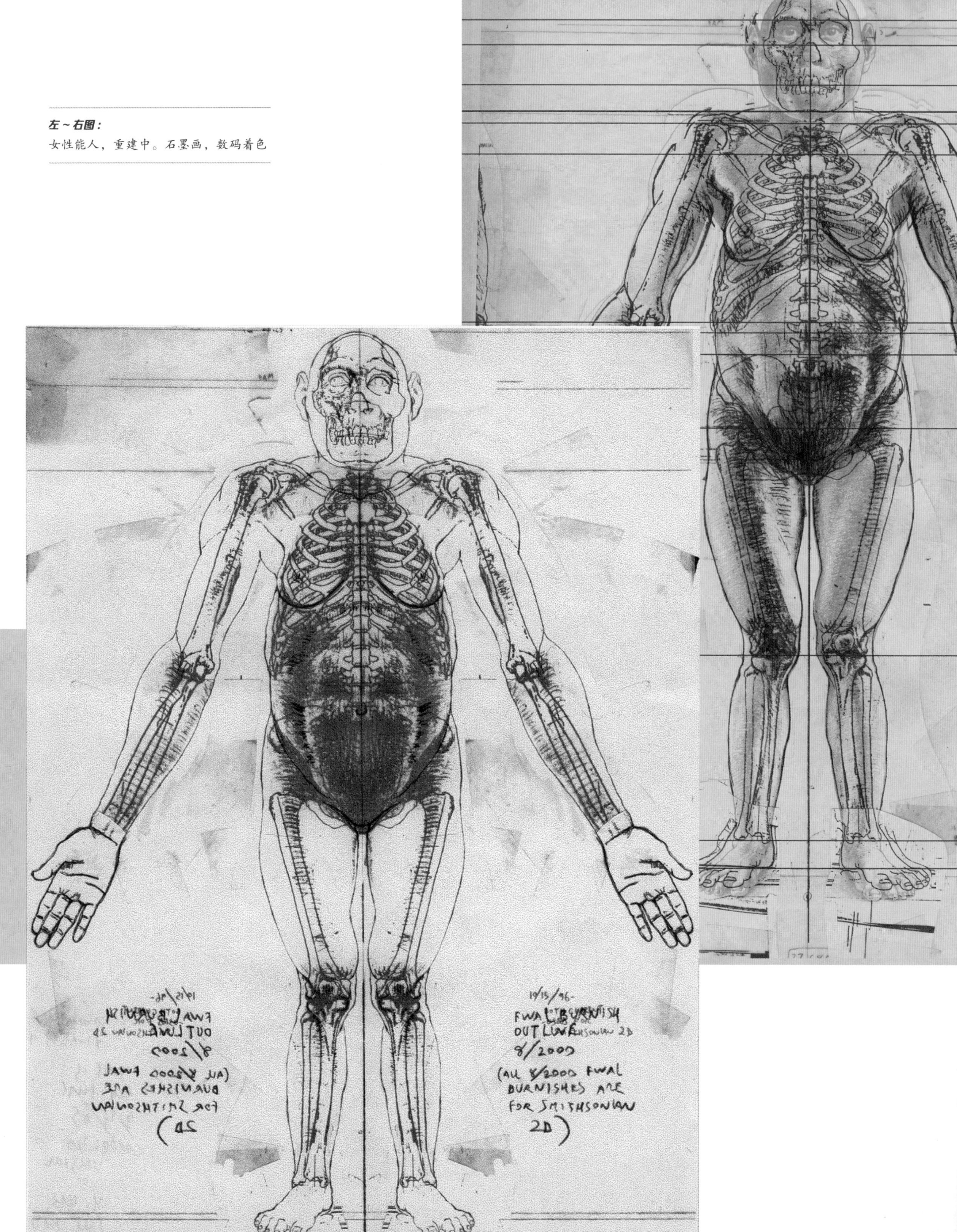

左～右图：

女性能人，重建中。石墨画，数码着色

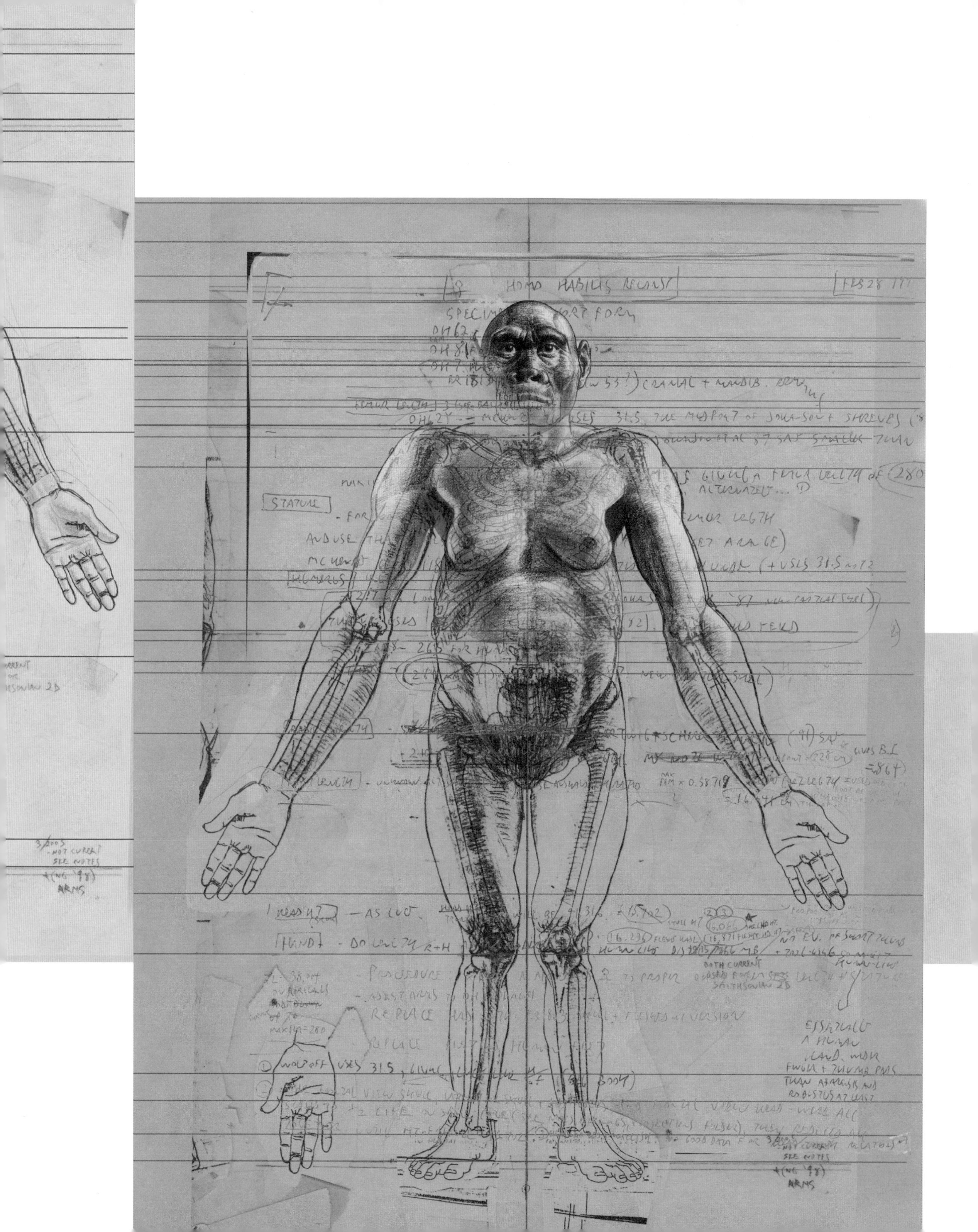

HOMO HABILIS RECONST

FEB 28 '11

SPECIMENS ... FORM

CRANIAL + MANDIB.

STATURE

HUMERUS

HEAD HT

HAND

BOTH CURRENT

SMITHSONIAN 2D

REPLACE

ESSENTIALLY A HUMAN HAND, MORE FINGER + THUMB PADS THAN AFARENSIS AND ROBUSTUS AT LEAST

3/2003 - NOT CURRENT SEE NOTES

+(NG '98) ARMS

上图：
肯尼亚平脸人头骨。石墨，画纸

右图：
鲁道夫人（或肯尼亚人）头骨。石墨画，

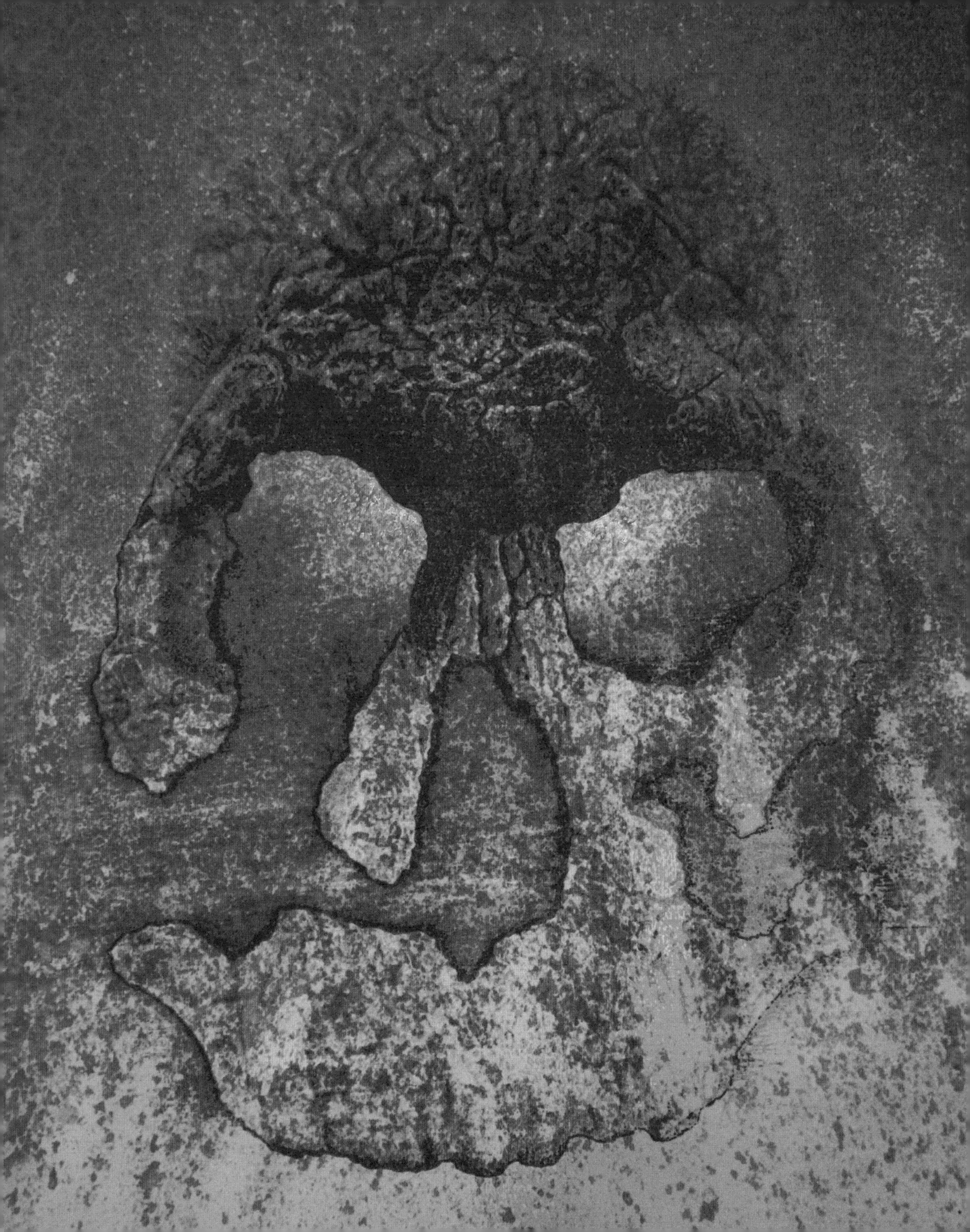

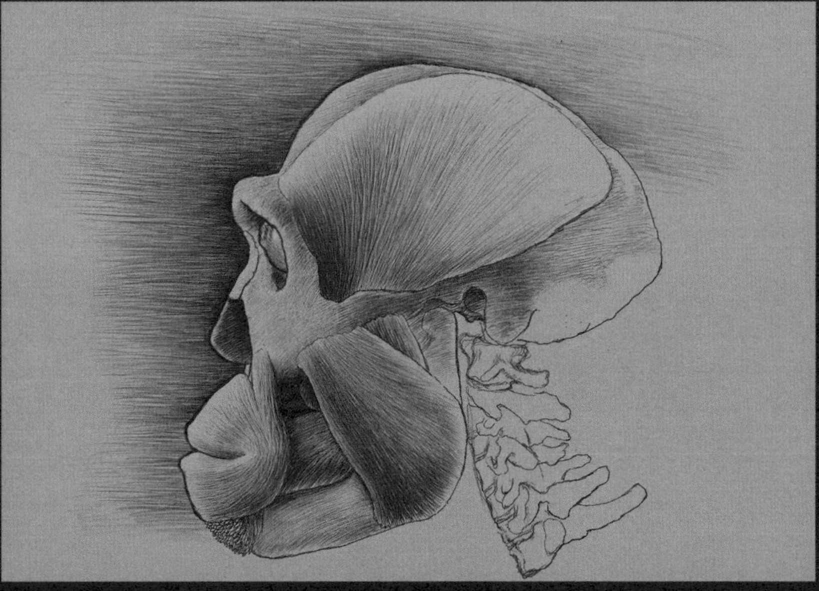

上、中、下图：
非洲直立人头骨KNM-ER3733，三张视图，一张带有咀嚼肌。钢笔，墨水，丙烯，数码技术

左图：
行走的女性能人（左）和直立人形象。钢笔，墨水，木板

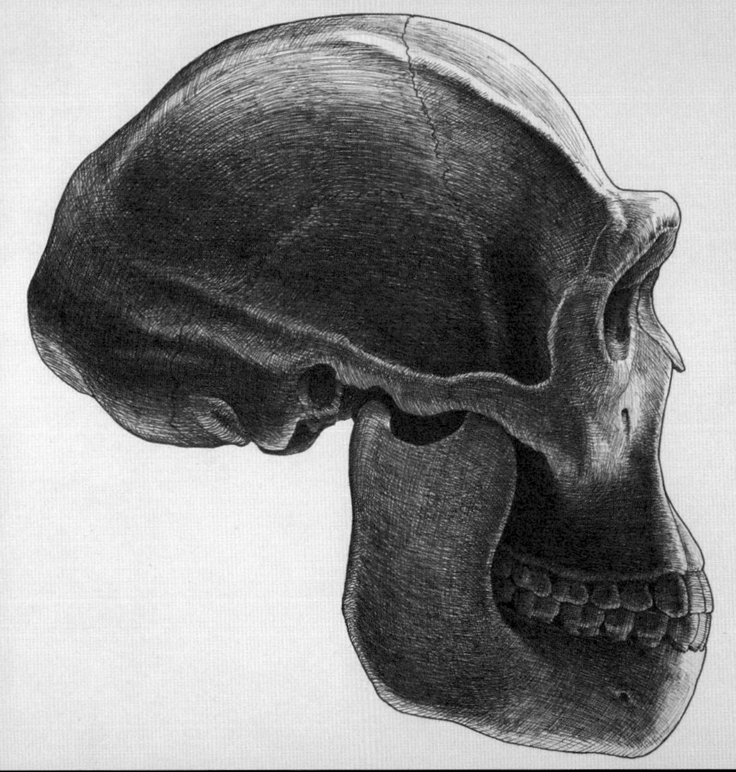

上图：
女性非洲直立人。红色粉笔，画纸

左图：
女性非洲直立人。钢笔，墨水，强光和背景用丙烯

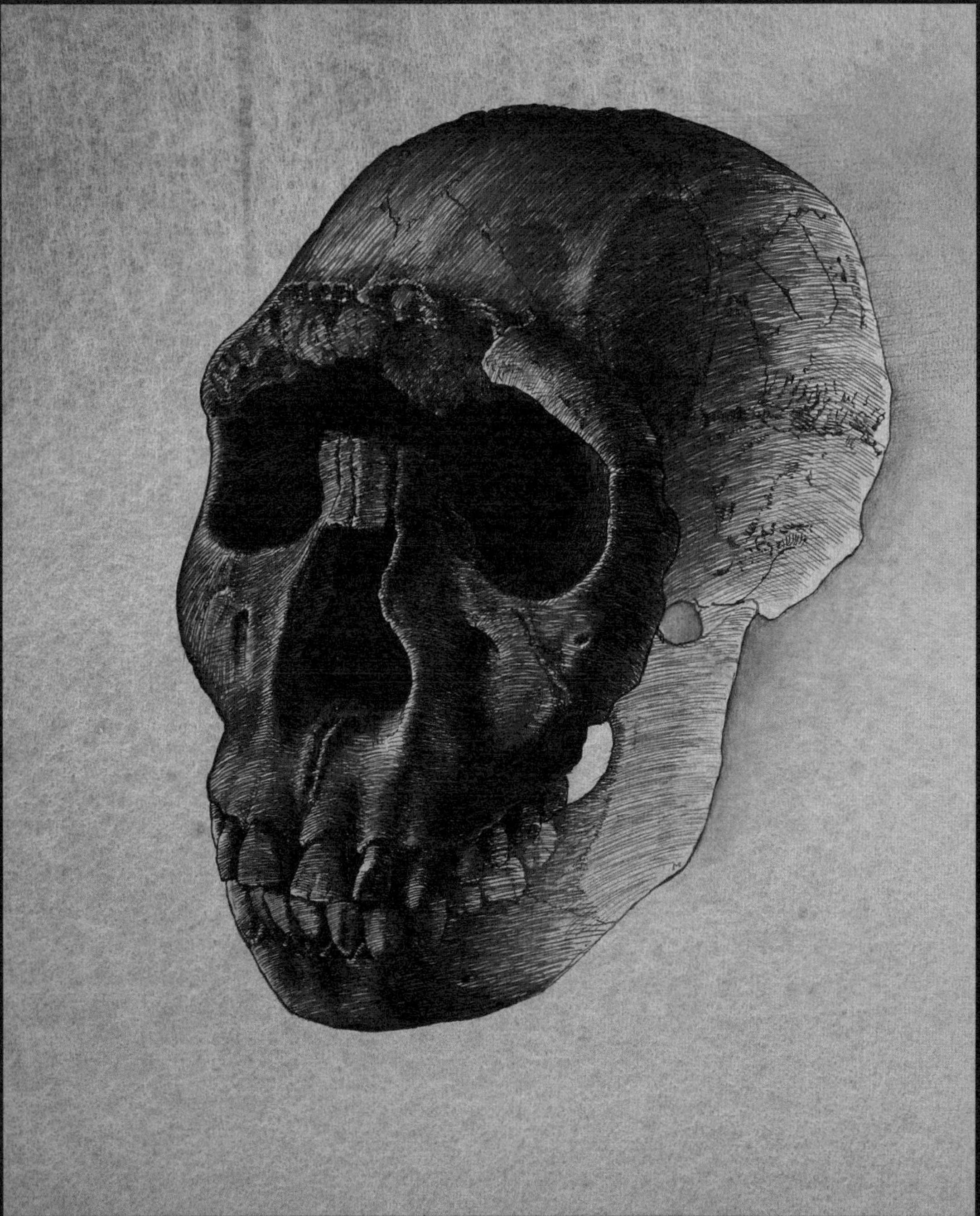

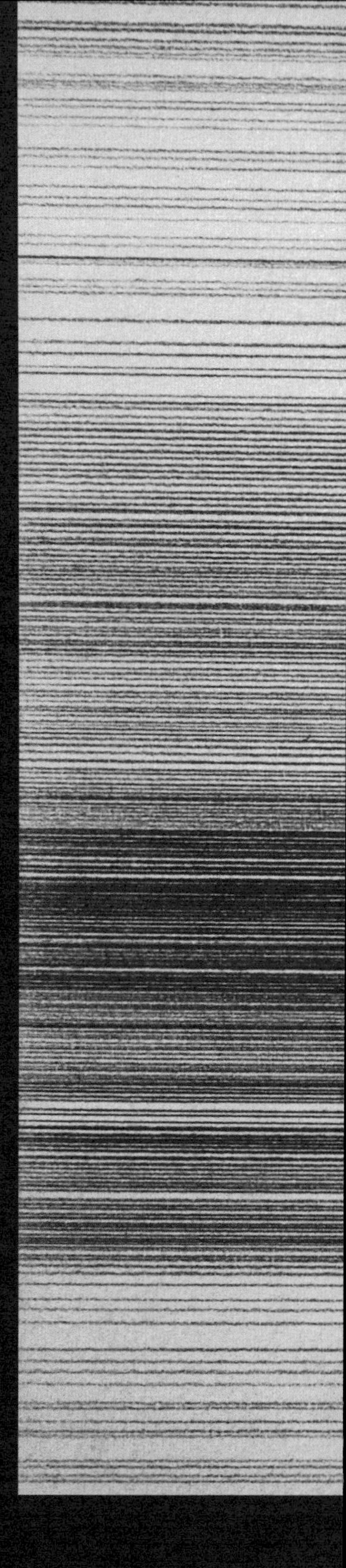

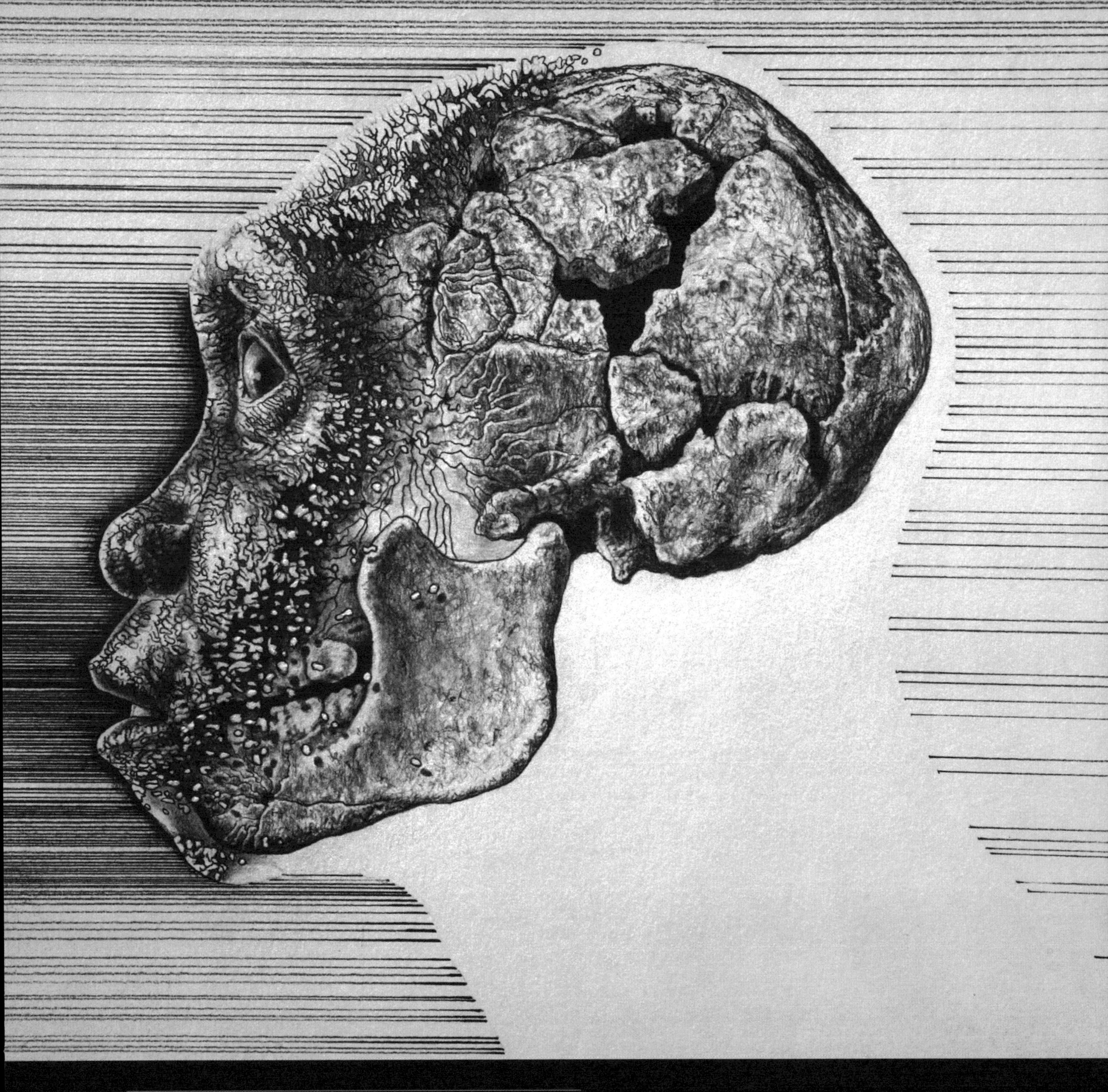

上图:
少年男性非洲直立人（“纳利奥克托米男孩”）头骨和脸部。石墨，画纸

左图:
少年男性非洲直立人（“纳利奥克托米男孩”）头骨。钢笔，墨水，石墨，

上图：

女性非洲直立人。石墨，木板

左图：

少年男性非洲直立人（“纳利奥克托米男孩”）。丙烯

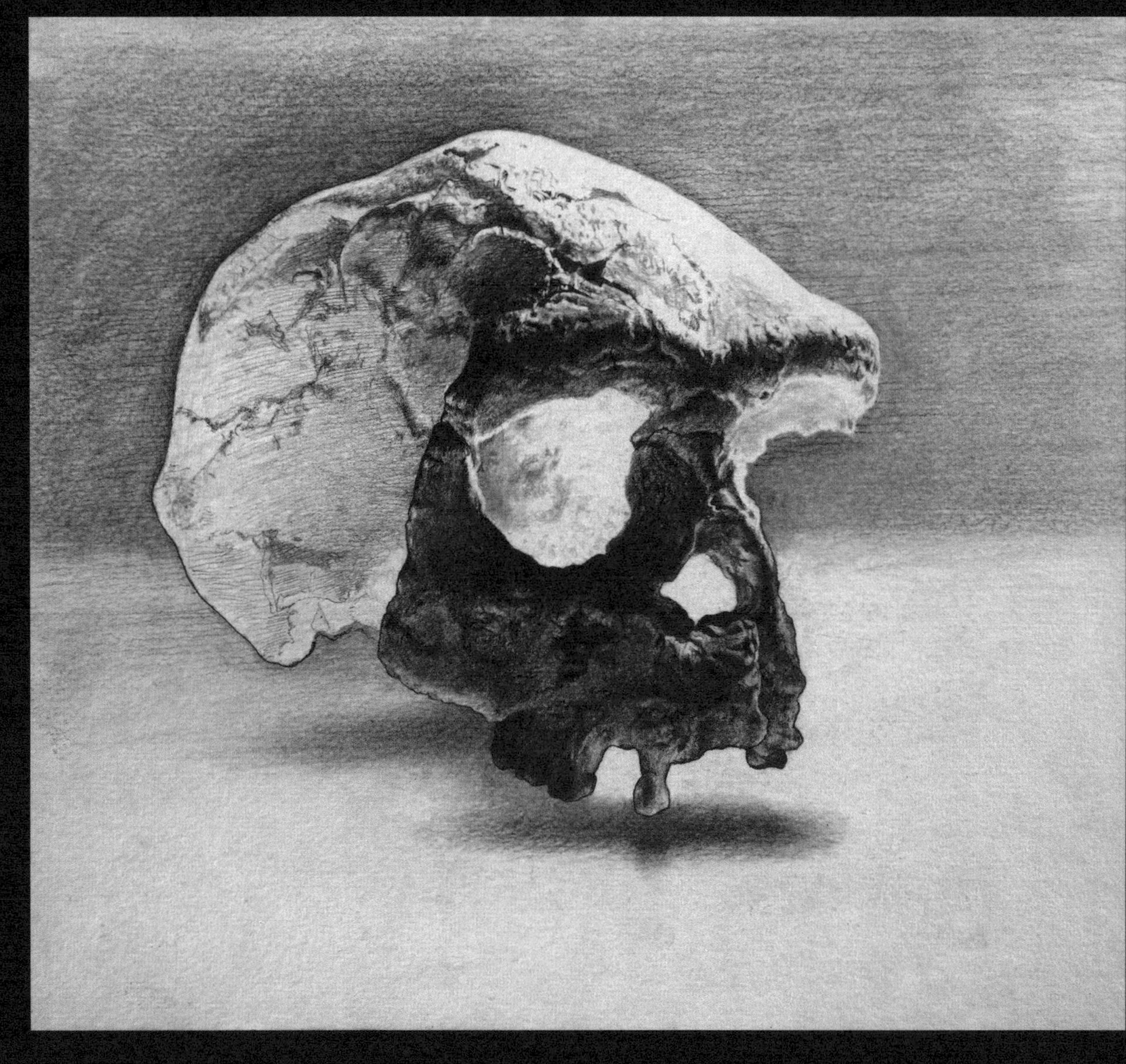

上图：

男性爪哇直立人头骨。石墨，画纸

右图：

男性爪哇直立人。钢笔墨水画，带有解剖笔记，部分烧焦，数码着色，艺术微喷，添加墨水和丙烯

Sang.17

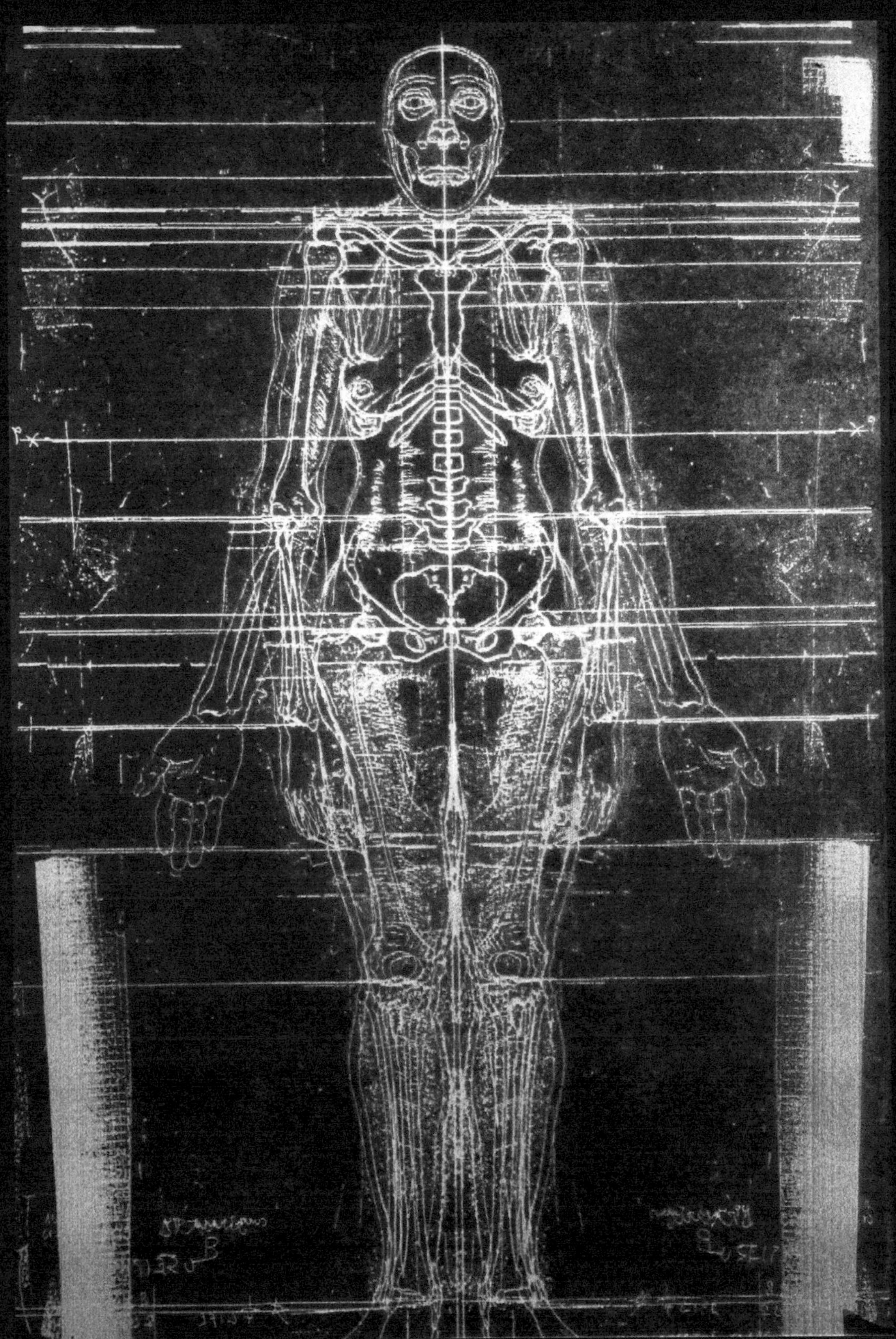

上图：

女性非洲直立人身体蓝图。石墨画，数码处理

左图：

（南非）非洲直立人头骨。钢笔，墨水，丙烯涂层沙粒画板

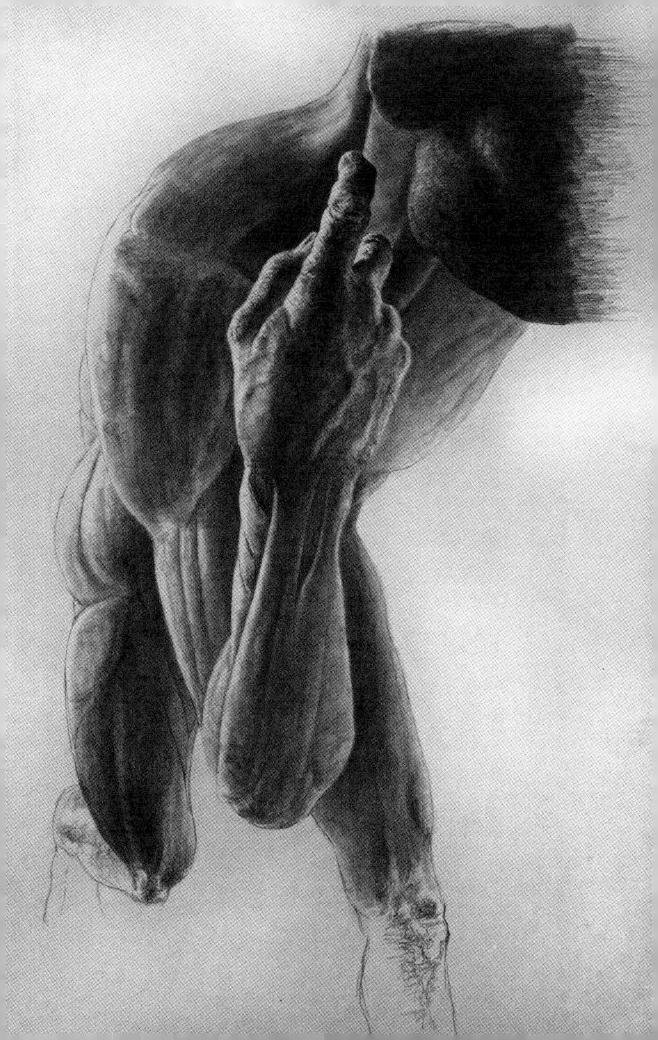

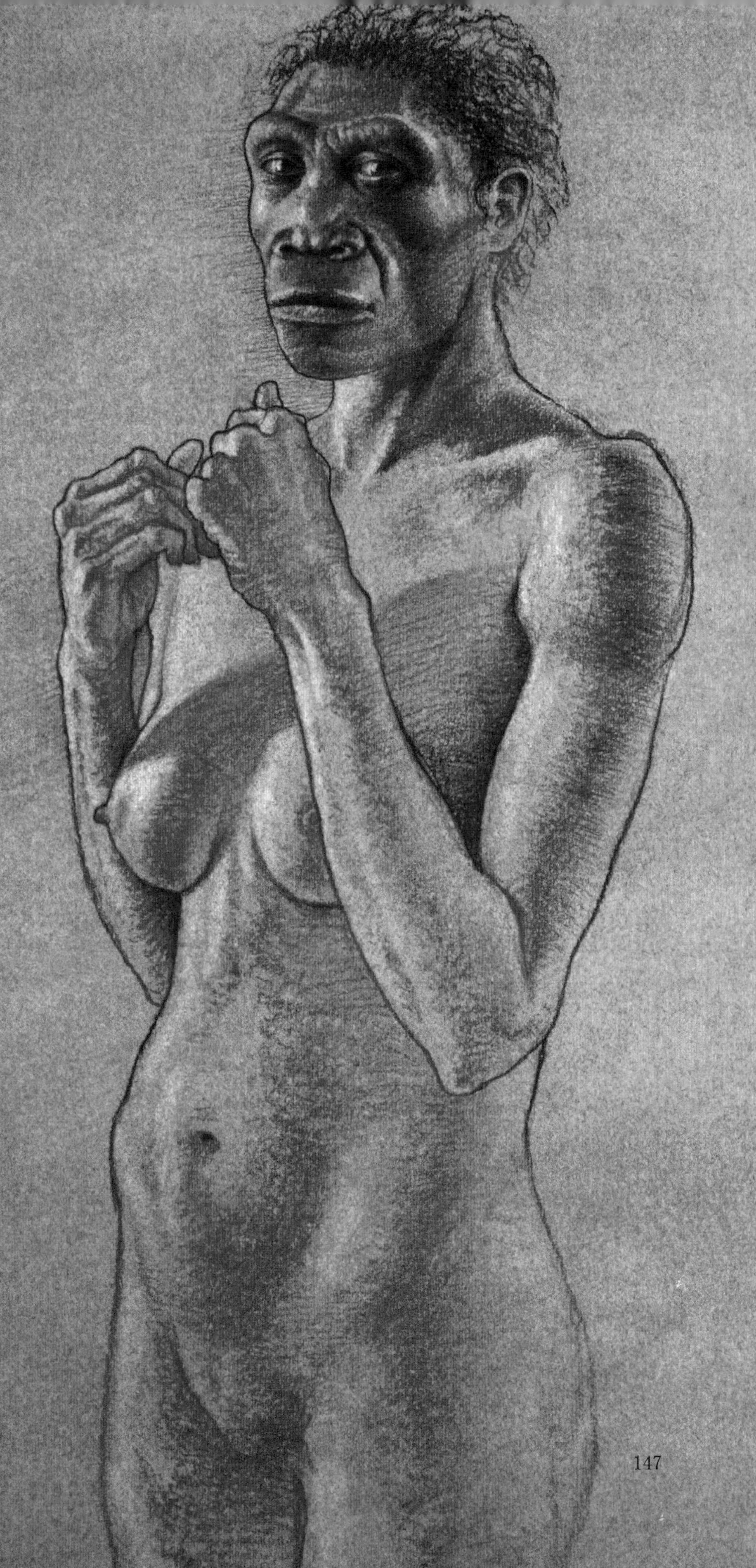

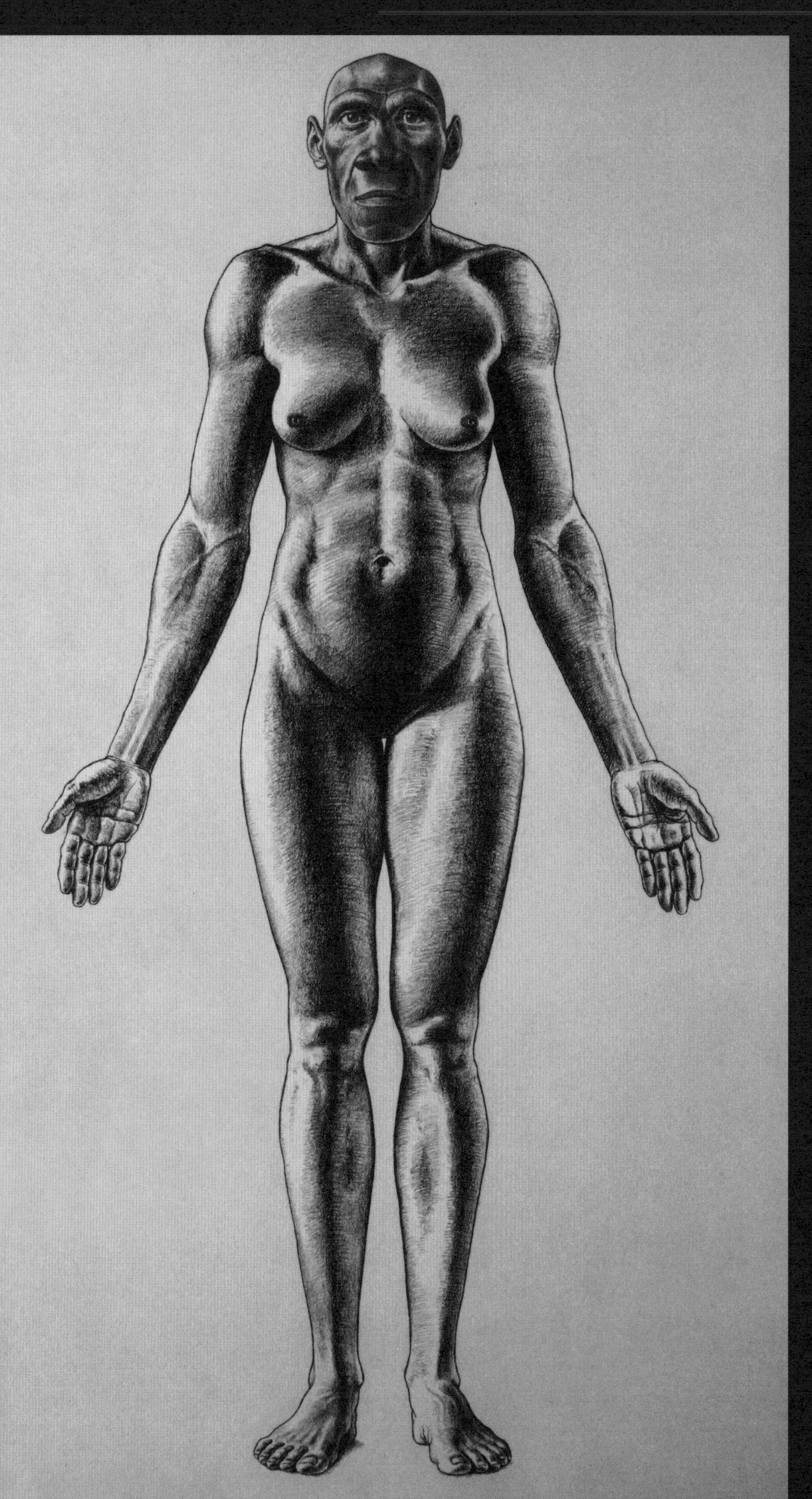

左图：
女性非洲直立人形象
墨，木板，数码着色

右图：
男性非洲直立人形象
墨，木板

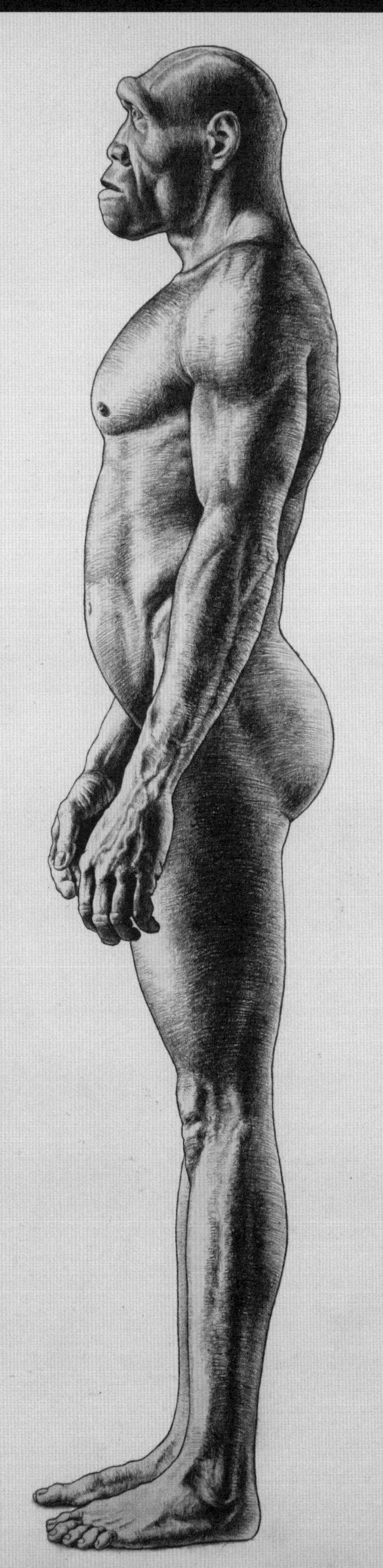

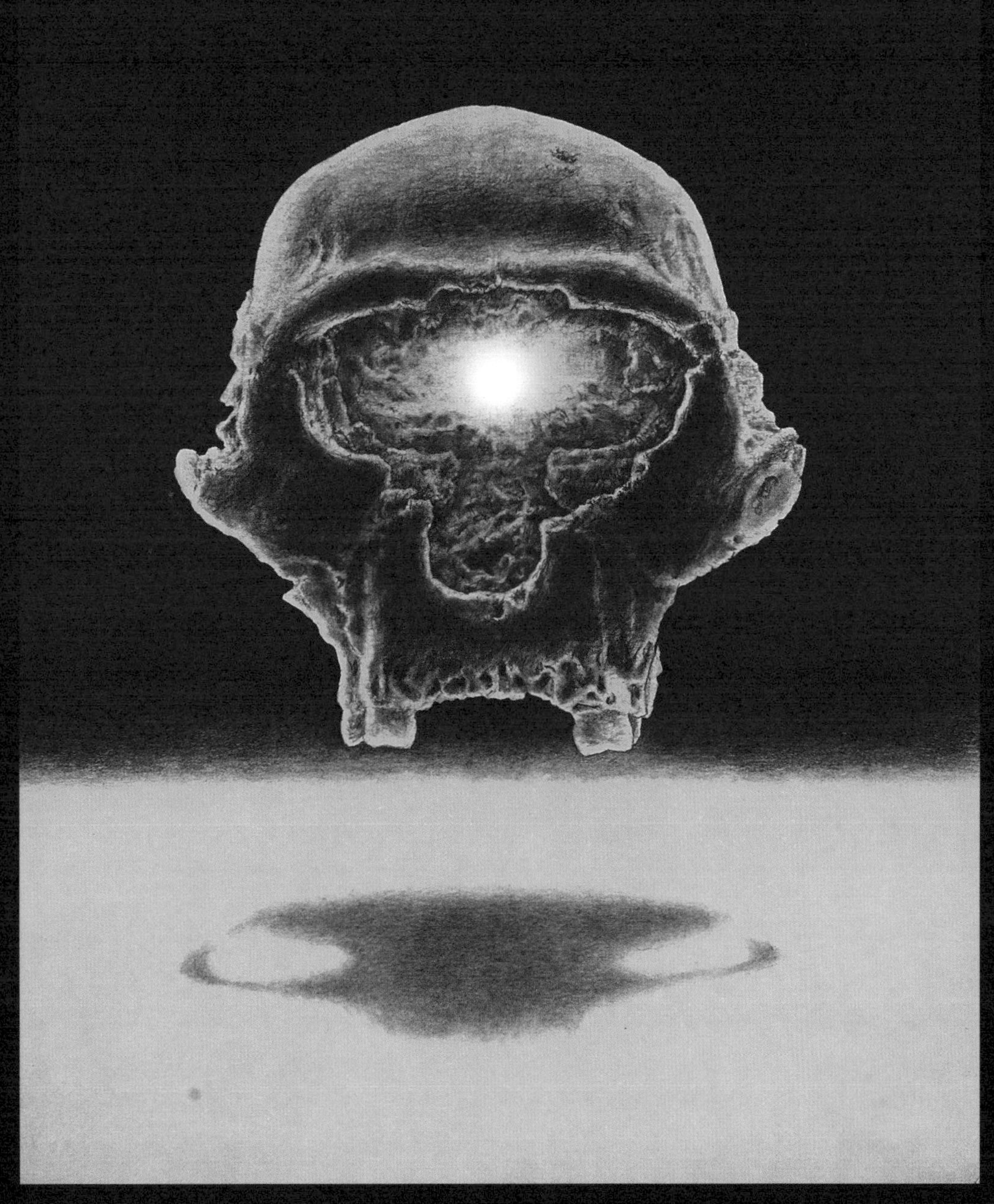

上图:
直立人 2 号头骨，来自格鲁吉亚德马尼西。石墨，画纸

左图:
男性直立人形象。红色粉笔，黑色粉笔，丙烯涂层沙粒画板

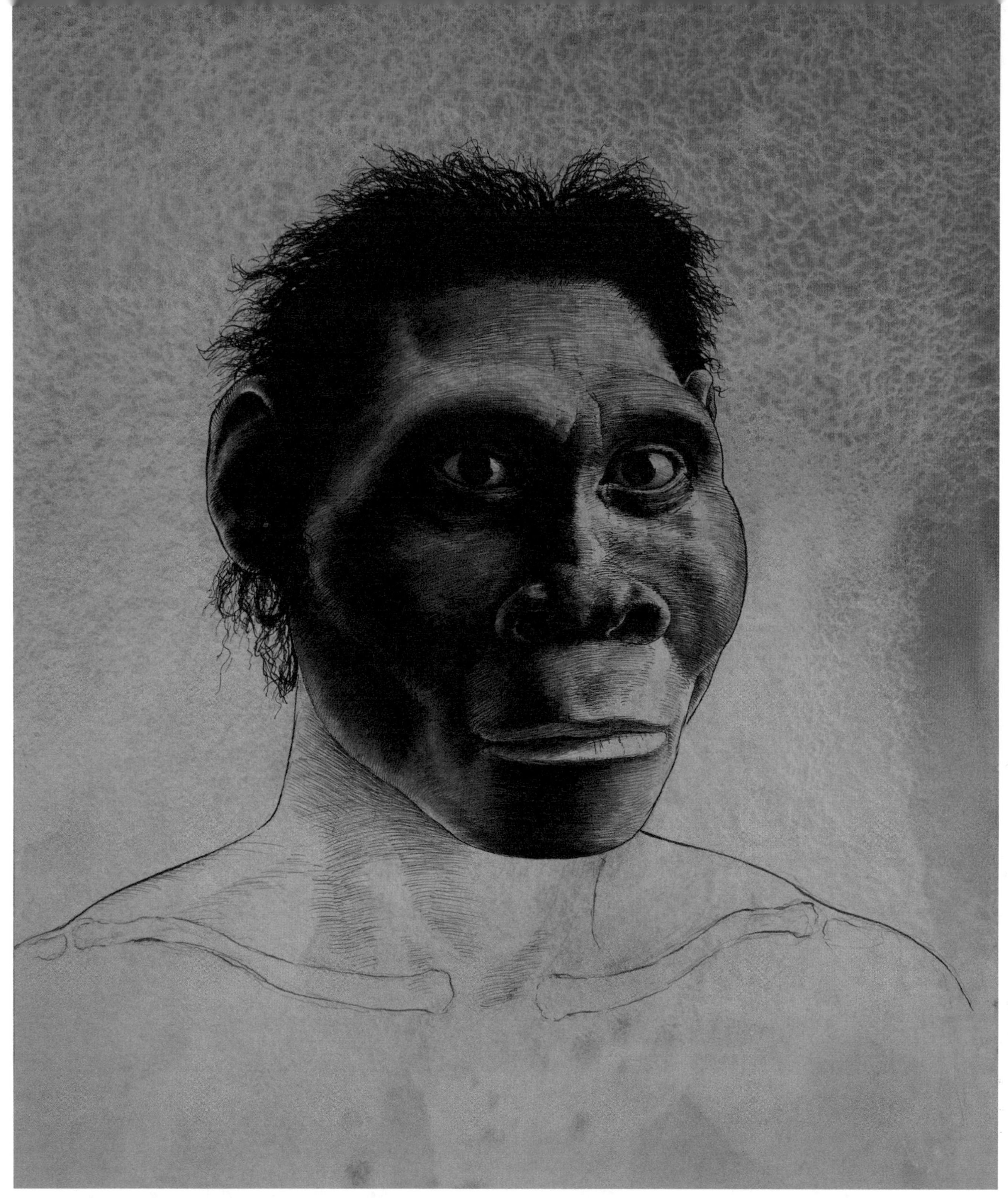

上图：
女性直立人，基于德马尼西 2 号头骨。钢笔，墨水，丙烯涂层沙粒画板

右图：
女性直立人，带有解剖笔记，基于德马尼西 2 号头骨。墨水，丙烯

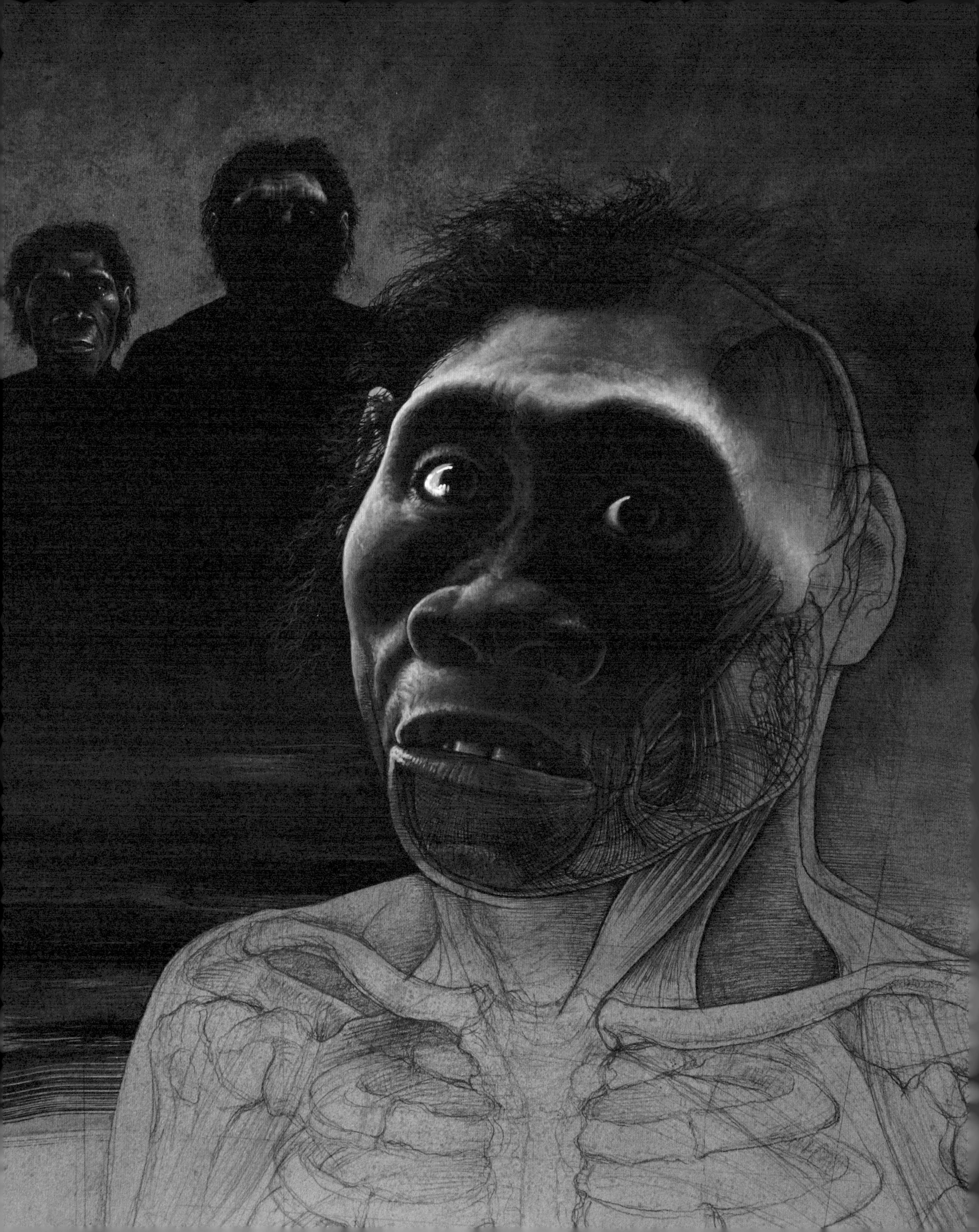

上图：
男性直立人，基于德马尼西 4 号头骨。钢笔，墨水，丙烯，画纸

左图：
接近成年的女性直立人，基于德马尼西 3 号头骨。钢笔，墨水，石墨，丙烯

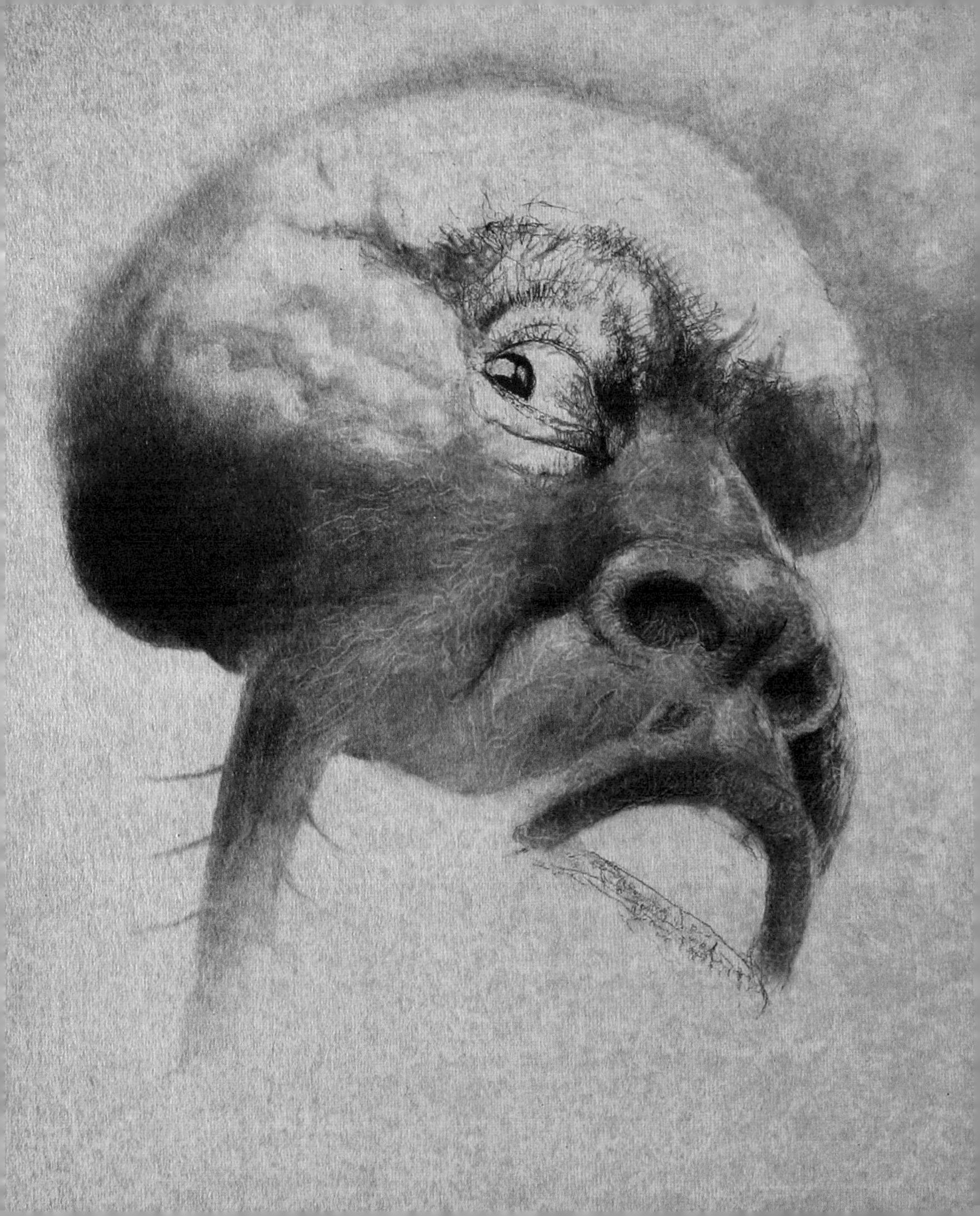

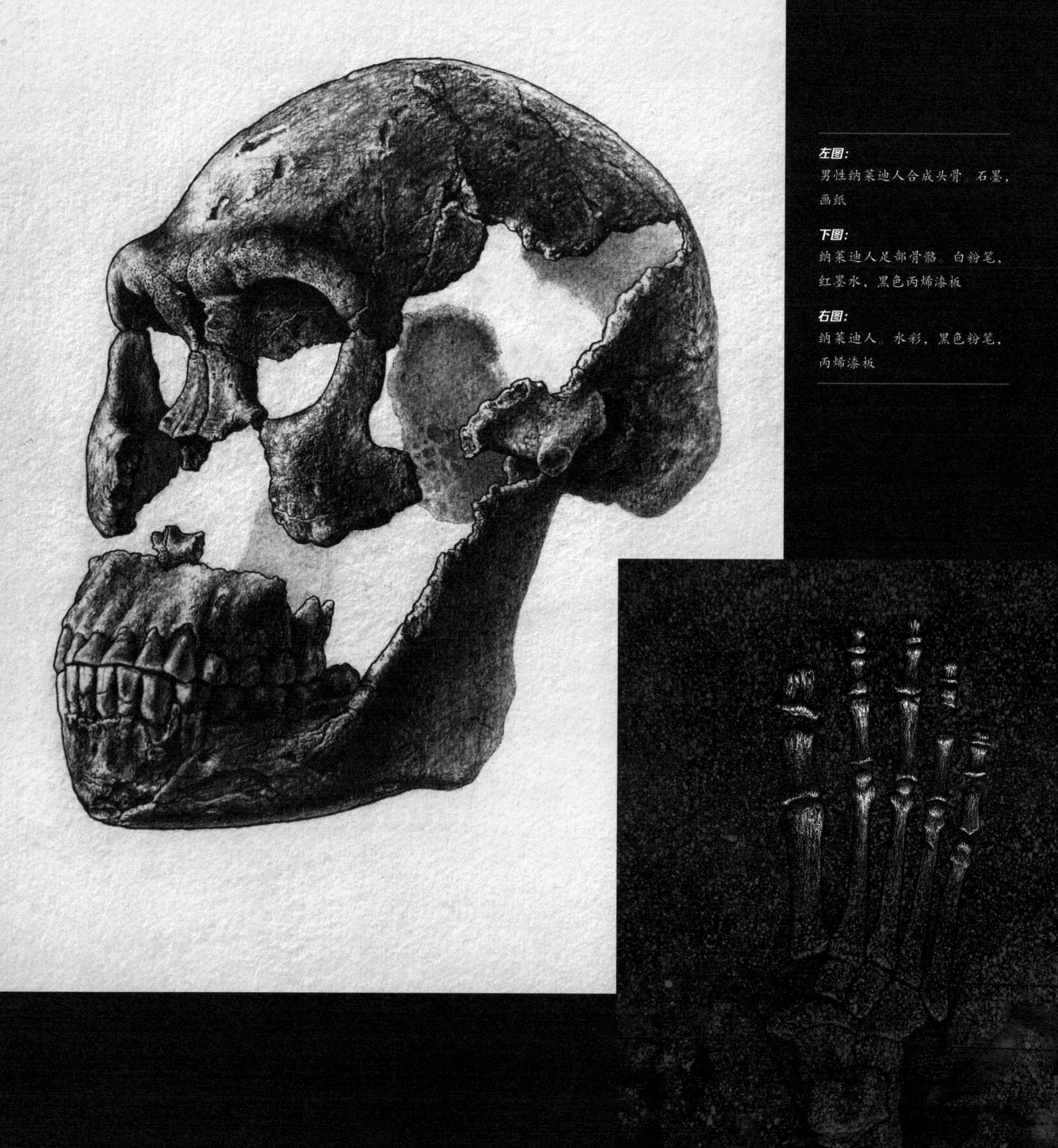

左图：

男性纳莱迪人合成头骨。石墨，画纸

下图：

纳莱迪人足部骨骼。白粉笔，红墨水，黑色丙烯漆板

右图：

纳莱迪人。水彩，黑色粉笔，丙烯漆板

上图：

女性佛罗勒斯人。石墨，画纸

左图：

女性佛罗勒斯人。钢笔，墨水，丙烯

4

LOST ANATOMIES

特伦顿·W.霍利迪
Trenton W. Holliday

DERIVED HOMO

衍生人

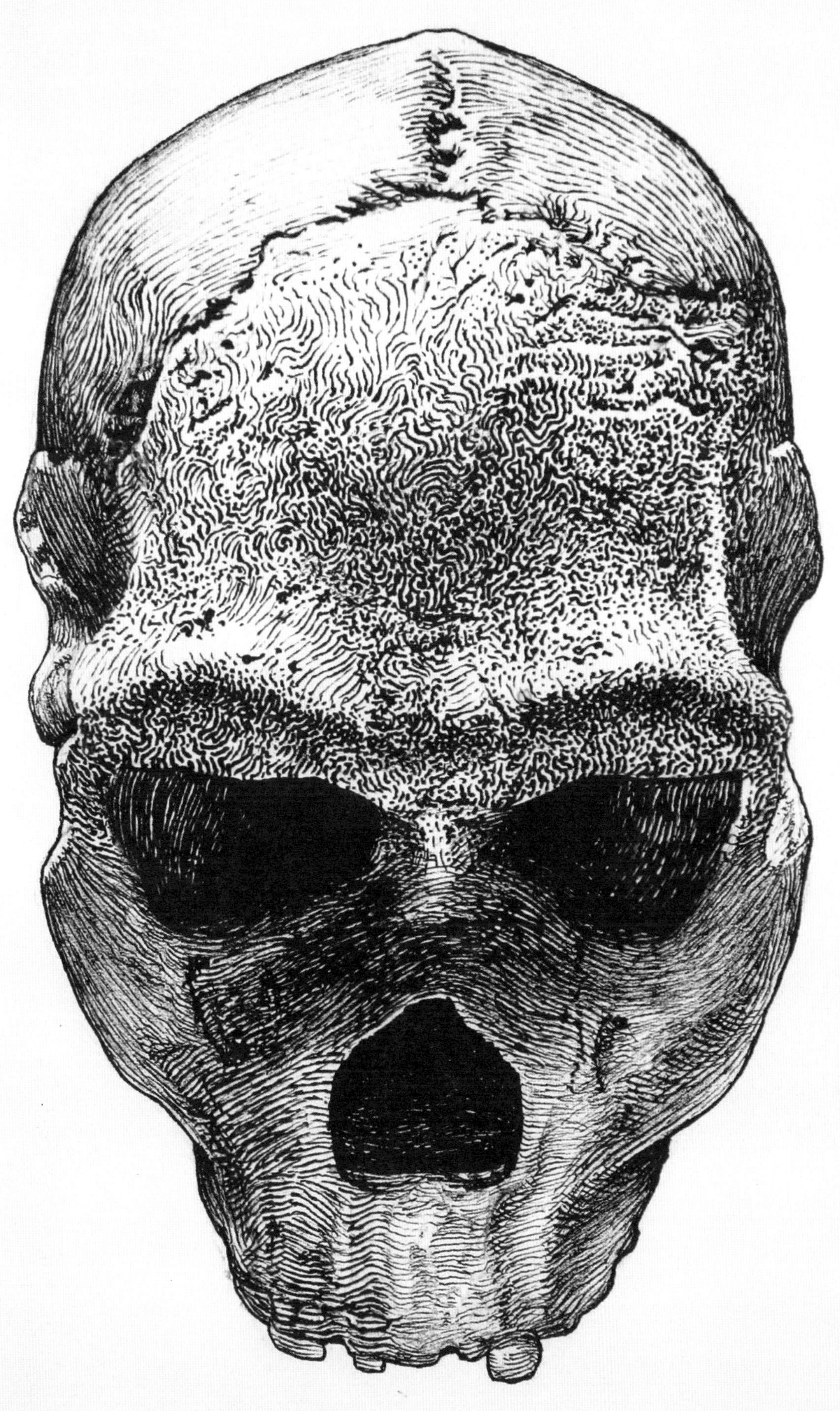

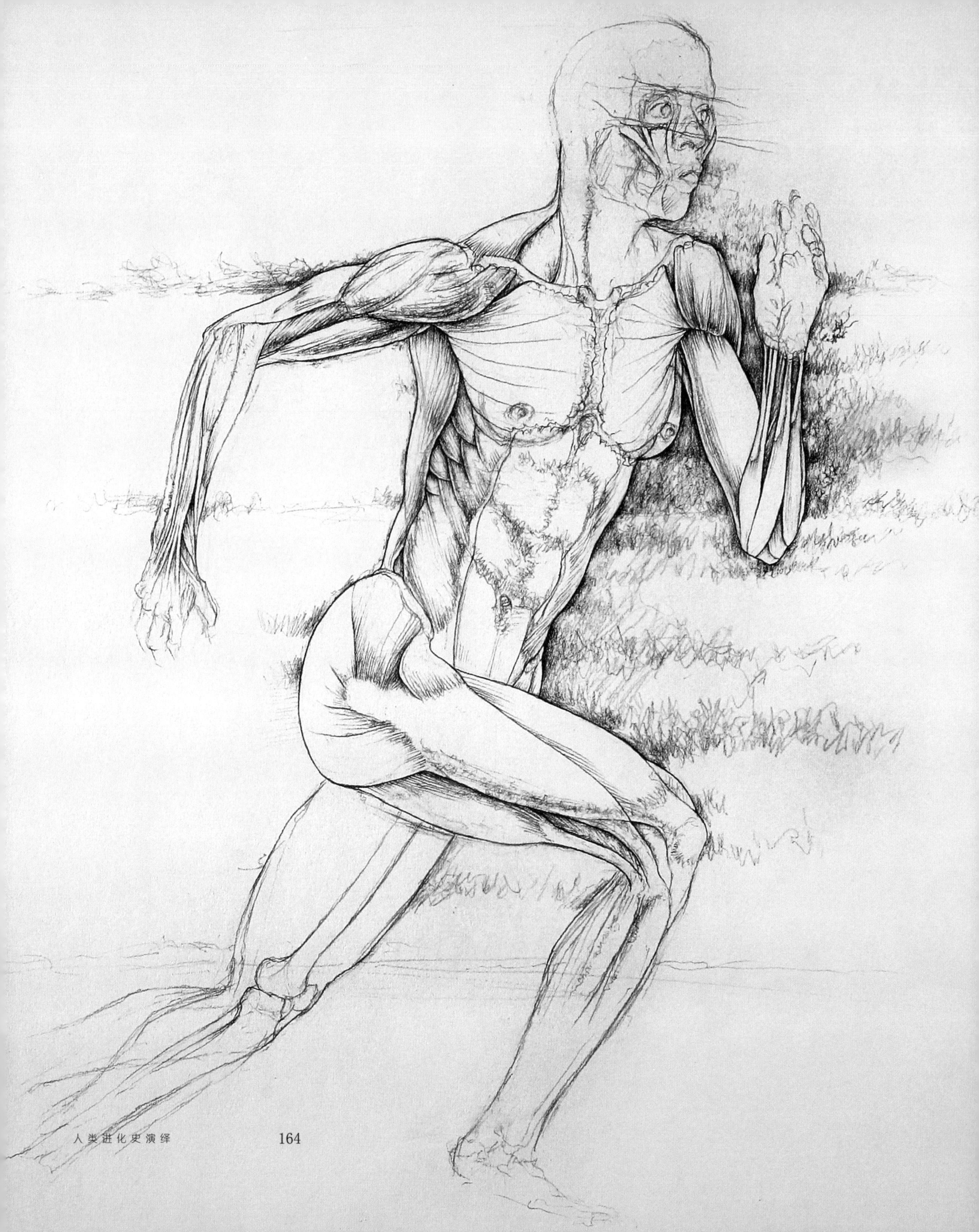

第 163 页图：
男性海德堡人头骨。钢笔，墨水，画纸

左图：
快速奔跑的女性智人，肌肉结构可见。石墨，画纸

在这个面积 3000 平方英尺（约 278.7 平方米）、深度 30 英尺（约 9 米）的洞里，夏天毒辣的阳光让人没有喘息的机会。这个露天矿坑曾经是一个掩蔽洞穴，气温几乎恒定，但它坍塌的顶部几十年前就被拆除了，现在没有一处能遮阳的地方。对我们来说，不幸的是，这还是个 38℃ 的高温天。我在心里算了一下：那可是 100℉。我离开路易斯安那州家里的热浪，是来享受法国的温和气候的，没想到是这样。但现在不是抱怨的时候，还有工作要做！

我们正在挖掘的地点是法国西南部的雷古杜，位于蒙提涅克镇附近的佩里戈尔地区。我的老朋友布鲁诺 · 莫雷伊博士邀请我来到这里，他想重新打开洞穴。在这里，1954 年，已故的农民罗杰 · 康斯坦特开始在他的庄园里挖掘洞穴，然后在 1957 年发现了一具相当完整的尼安德特人骨架，被称为雷古杜 1 号。在同一年的抢救行动中，大部分骨架被转移走了，但随后在 20 世纪 60 年代的野外工作中，发现了更多雷古杜 1 号的遗骸，以及第二个假定的尼安德特人的至少一根骨头（雷古杜 2 号）。

如今，康斯坦特的侄女米歇尔把雷古杜作为一个旅游景点来经营，景点内还有活熊。在我工作的时候，除了能听到熊偶尔的咆哮，还无意中听到洞穴上面的导游在向游客解释我和我的同事在做什么。导游们让这个工作听起来比实际更有魅力。我们实际上正在做的是清除成吨的无菌碎片（考古学家称之为覆盖层），希望我们能开始真正的工作，就是仔细挖掘下面的人工制品和布满骨头的岩层。我其实是用一把鹤嘴镐把石灰石块打碎，这些石灰石块随后会被倾倒在康斯坦特庄园的另一处地方。汗水刺痛了眼睛，顺着我的背往下流，我不禁在想，我所需要

的全套装扮就是一件黑白条纹连体衣、一顶平顶小圆帽以及一根系有铁球的链子来绑在我的脚踝上。我费了那么大的劲才拿到博士学位，就是为了能在炎炎夏日里打碎岩石？我一定是个聪明人。

话虽如此，我还是希望所有辛苦的工作都是值得的，因为雷古杜遗址蕴含着巨大的希望。我们小组的初步放射测定年代表明，雷古杜 1 号尼安德特人是在大约 10 万年前被有意或无意地埋葬的，这将使它成为最古老的与尼安德特人相关的骨架之一。更令人兴奋的是，一直未找到的雷古杜 1 号头盖骨，可能仍然埋藏在该遗址的古老沉积物中，我们希望很快就能对这些沉积物进行筛选。

在脑海里，我试图把这个炎热、阳光明媚的地方想象成一个处于大约 10 万年前的寒冷、多风、几乎没有树的高山顶上的凉爽而黑暗的山洞。一群尼安德特人为了躲避冰河时代的寒冷而来到这里。然而，几乎可以肯定，多数时候他们不能待在洞穴里，因为里面有其他居民。特别值得一提的是，在雷古杜发掘出了几十具棕熊的遗骸，这也是罗杰 · 康斯坦特捕获活熊以吸引游客来到该景点的原因之一。

2016 年，我在一个标有法语“我们的”（熊）的盒子里发现了雷古杜 1 号骨架的一段碎片。它是左髋骨的主要部分。这块骨头曾被误认为是熊的骨盆，这一事实表明了约翰 · 古尔奇在他的艺术中很好地捕捉到了史前人属解剖结构的一个方面。这些古人类体格健壮、肌肉发达。例如，看看约翰对拉费拉西 1 号尼安德特人肌肉发达的背部的出色描绘（第 179 页）。也许更引人注目的一个例子是他对来自捷克普里莫斯特遗址的解剖学上的女性现代人类（约 2.6 万岁）的研究。凝视着她肌肉发达的身体，人们几乎不得不提醒自己这是一个女人的身体（第 182 页）。

尼安德特人，像雷古杜 1 号和拉费拉西 1 号，是与人类关系最近的化石亲戚，或许就在最近的 40 万年前，从我们自己的物种智人分化出来的。这些粗壮、肌肉发达的人类有着大脸庞、大牙齿和宽眉脊（比他们假定的祖先海德堡人的要小），横跨欧洲，进入亚洲，向东一直延伸到西伯利亚南部。大多数人生活在寒冷的气候中，他们宽阔的身体和短小的肢骨（就跟现代的因纽特人或萨米人一样）证明了这一事实。例如，看看约翰画的拉费拉西 1 号尼安德特人。因为他们经常埋葬死者（最好的例子请参见约翰对凯巴拉 2 号葬地的描绘，第 6 页），所以就标本的绝对数量而言，他们是最具代表性的古人类化石分类单元（智人除外）。尼安德特人被认为是有仪式的（雷古杜曾被认为是一个这样的仪式场所），他们也被认为创造了艺术。此外，自从 1856 年第一个尼安德特人标本首次被认为是一种非现代形态的人类以来，他们的进化命运，和围绕人类物种最初是如何以及在哪里进化的问题，一直紧密地联系在一起。我们现在从遗传研究中知道，尼安德特人和现代人能够成功地杂交，并且，阅读这段文字的你们当中的许多人（即便不是大多数），可以把一个尼安德特人算作你们的祖先。

我们把尼安德特人称为人属的衍生成员，这只是意味着这个物种具有进化上的新颖性。本章描绘的其他物种包括海德堡人，（当然）也包括智人。海德堡人是最早的（也是最原始的）分类单元，第一次出现在大约 78 万年前开始的中更新世，从解剖学角度看，他们与他们的祖先直立人在许多方面都很相似，只不过更重、更健壮，大脑也更大。我发现海德堡人最有趣的一点是，在有着巨大的颅上结构（如宽眉脊）的情况下，大脑却只有现代人的尺寸，其进化目的是一个尚未解决争议的领域。这种超凡脱俗的解剖结构混搭在约翰关于希腊彼得罗纳标本的精美细致的画作中尤为明显（第 163 页）。

最后，智人是一个世界性的物种，每一个活着的人都属于这个物种，但正如约翰的艺术如此优雅地展示的那样，我们自己物种的早期成员与今天的人类有着显著的解剖结构上的差异（比如更粗壮的肢骨和更长、更低的枕骨大孔），而且我们从形态学数据的数学聚类中知道，许多早期智人完全不在现存人类的变异范围之内。一旦人类出现了，进化就停止了，这种想法或许有些狂妄自大；换句话说，我们大功告成了。从实际角度看，我们没有理由觉得 20 万年前的智人个体应该属于在现存人类身上看到的那种狭窄的形态变异范围。正是这一观察也许最好地概括了为什么这些人属衍生物种总是令古人类学家着迷。简而言之，他们很像我们，但同时又与我们有很大的区别——正是这些古人类的古老（或原始）和现代（或进化）品质之间的这种紧张关系，使他们成为约翰或我的如此有趣的研究对象。最终，让我们再次回到像雷古杜这样的地方。

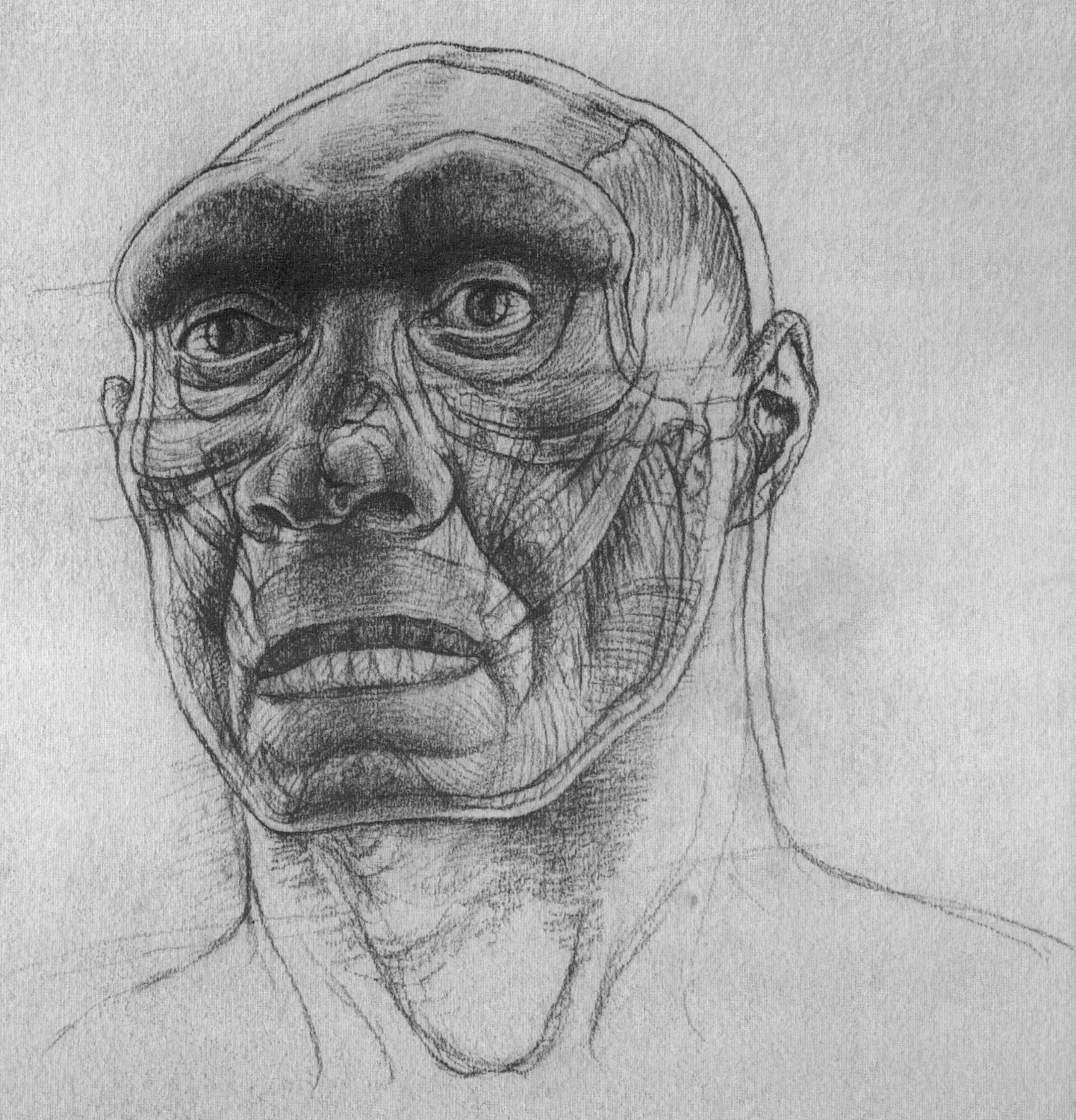

上图：

男性海德堡人。钢笔，墨水，丙烯涂层画板

左图：

男性海德堡人，面部表情肌肉为重建。红色粉笔，彩色卡纸

上图：

男性尼安德特人头骨和面部（来自法国拉费拉西遗址）。石墨画转至丙烯涂层沙粒画板上，添加黑色墨水

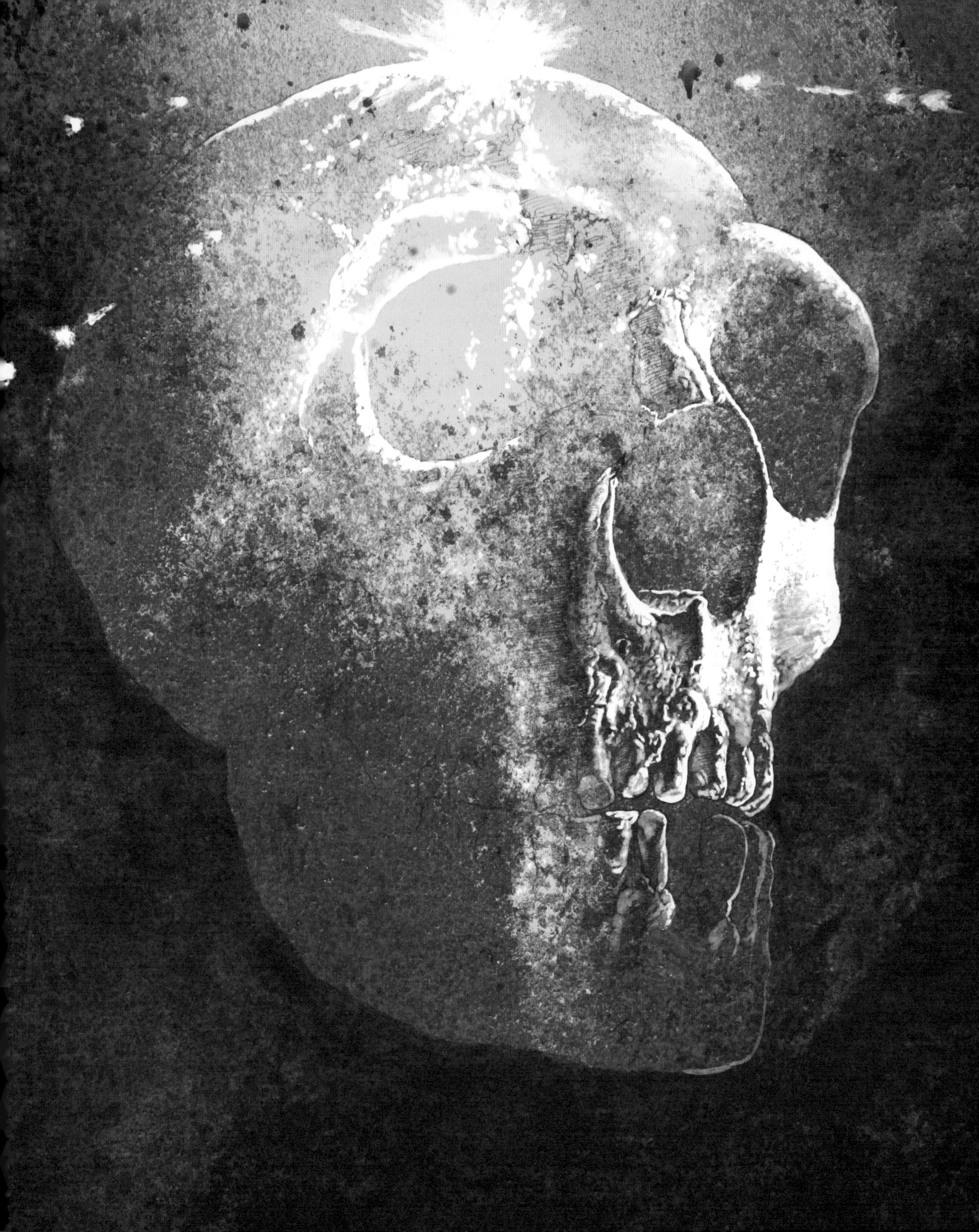

上图：

男性尼安德特人，基于伊拉克沙尼达尔遗址的头骨。红色粉笔，画纸

右图：

女性尼安德特人，面部重建中，基于西班牙直布罗陀遗址的头骨。石墨，钢笔，墨水，木板

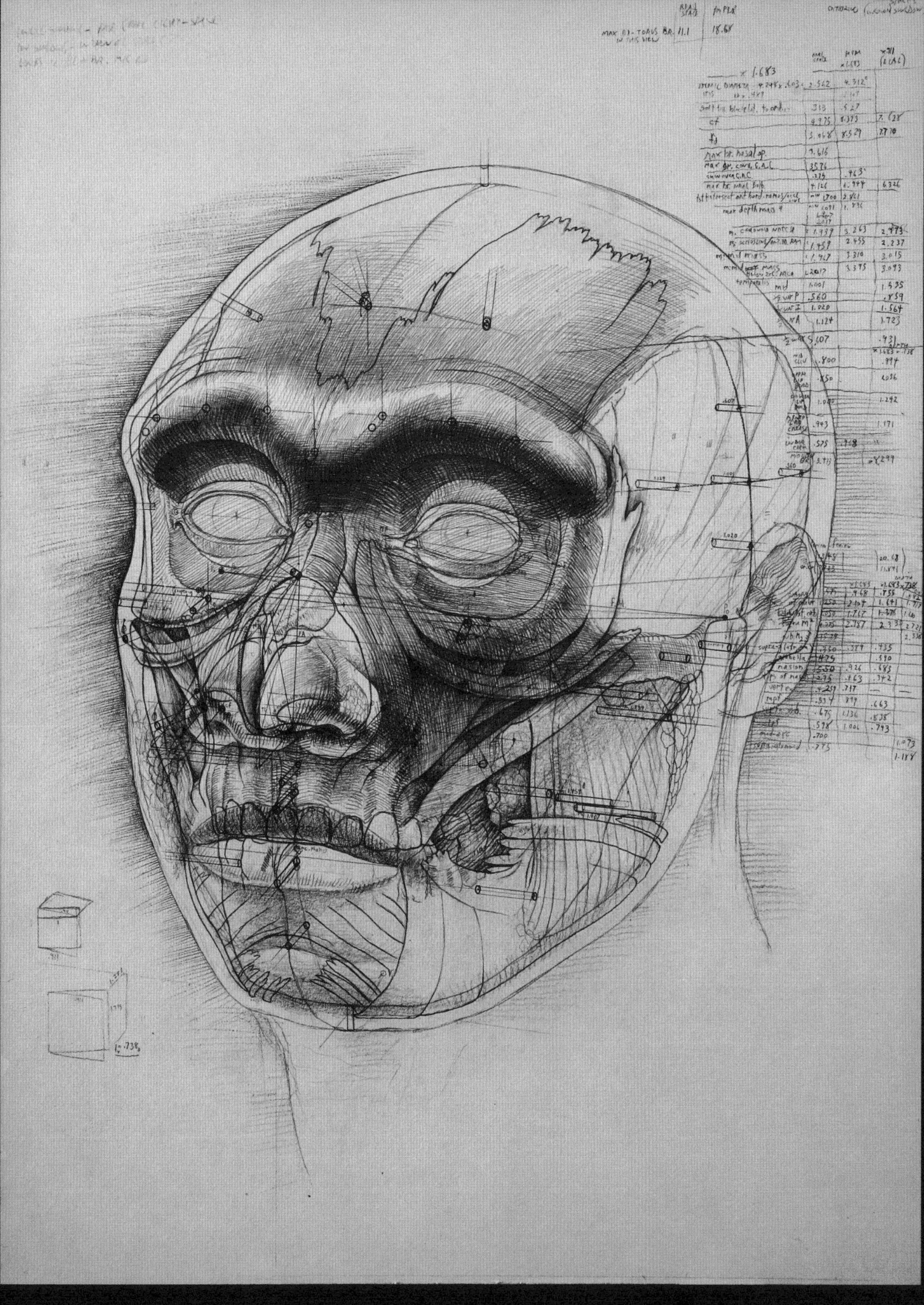

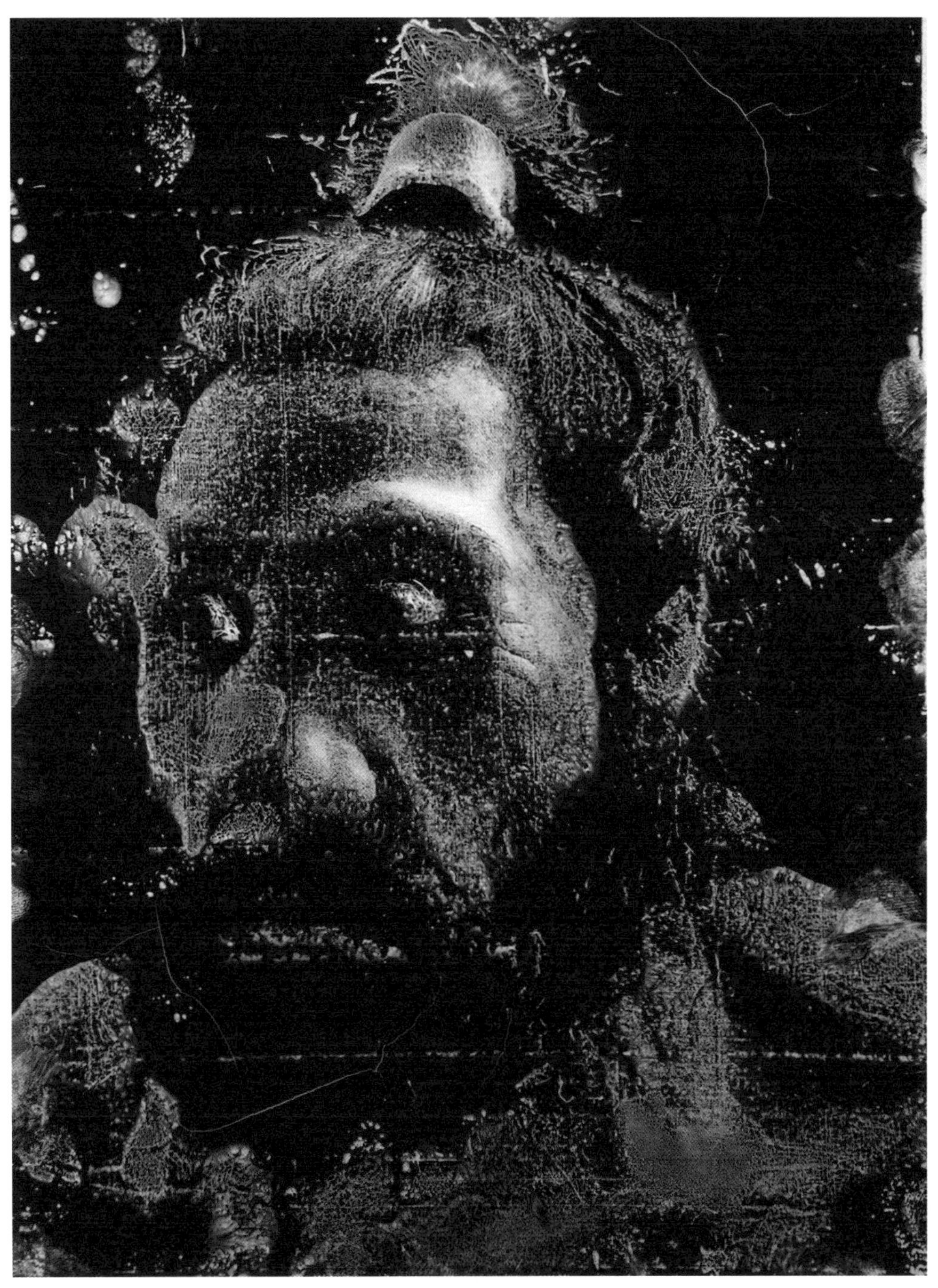

上图：

男性尼安德特人，基于伊拉克沙尼达尔遗址的头骨。3D重建模型雕像经拍照、复印、溶解和加工

左图：

男性尼安德特人，基于伊拉克沙尼达尔遗址的头骨。钢笔，墨水，丙烯涂层画板

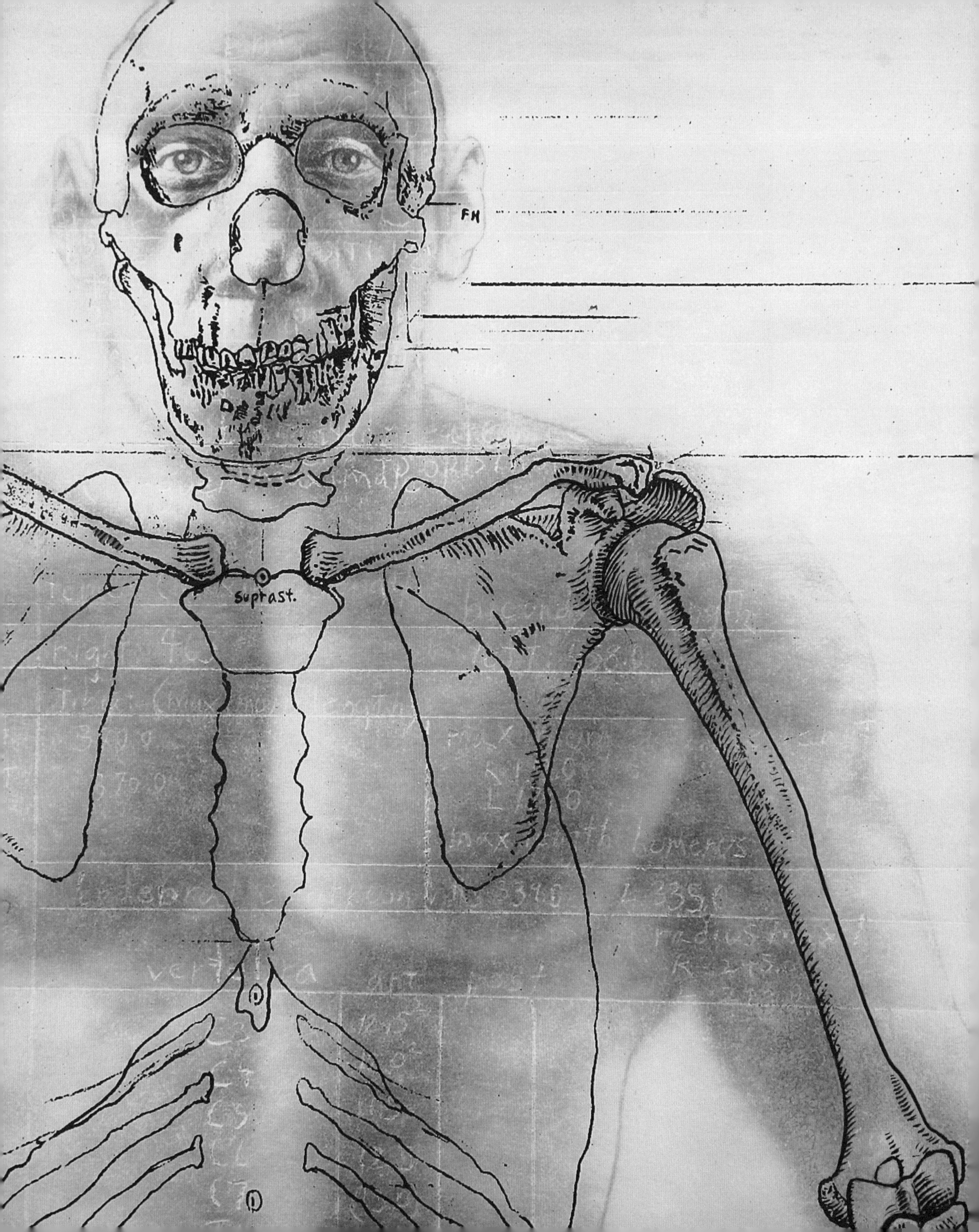
FH
suprast.

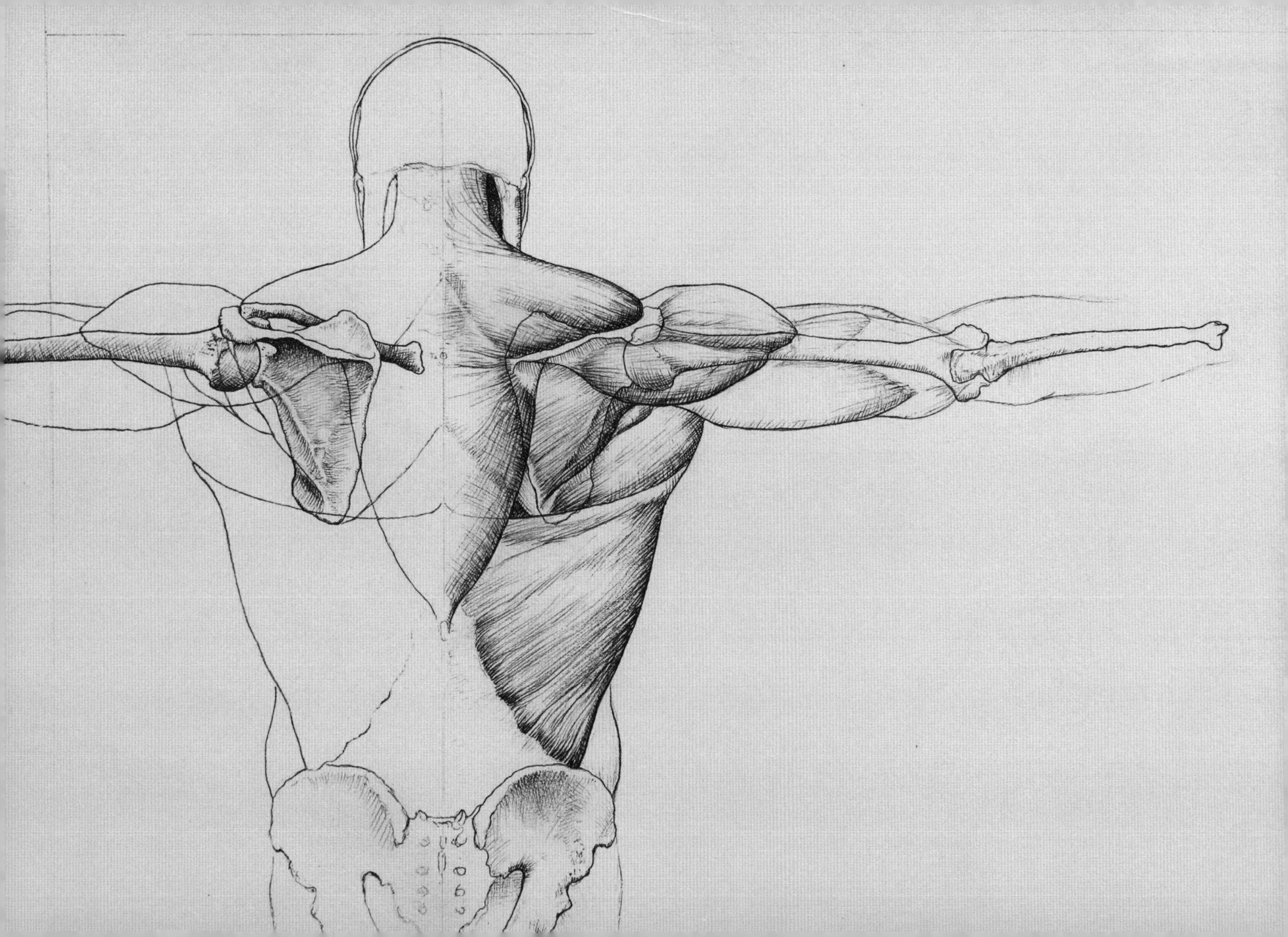

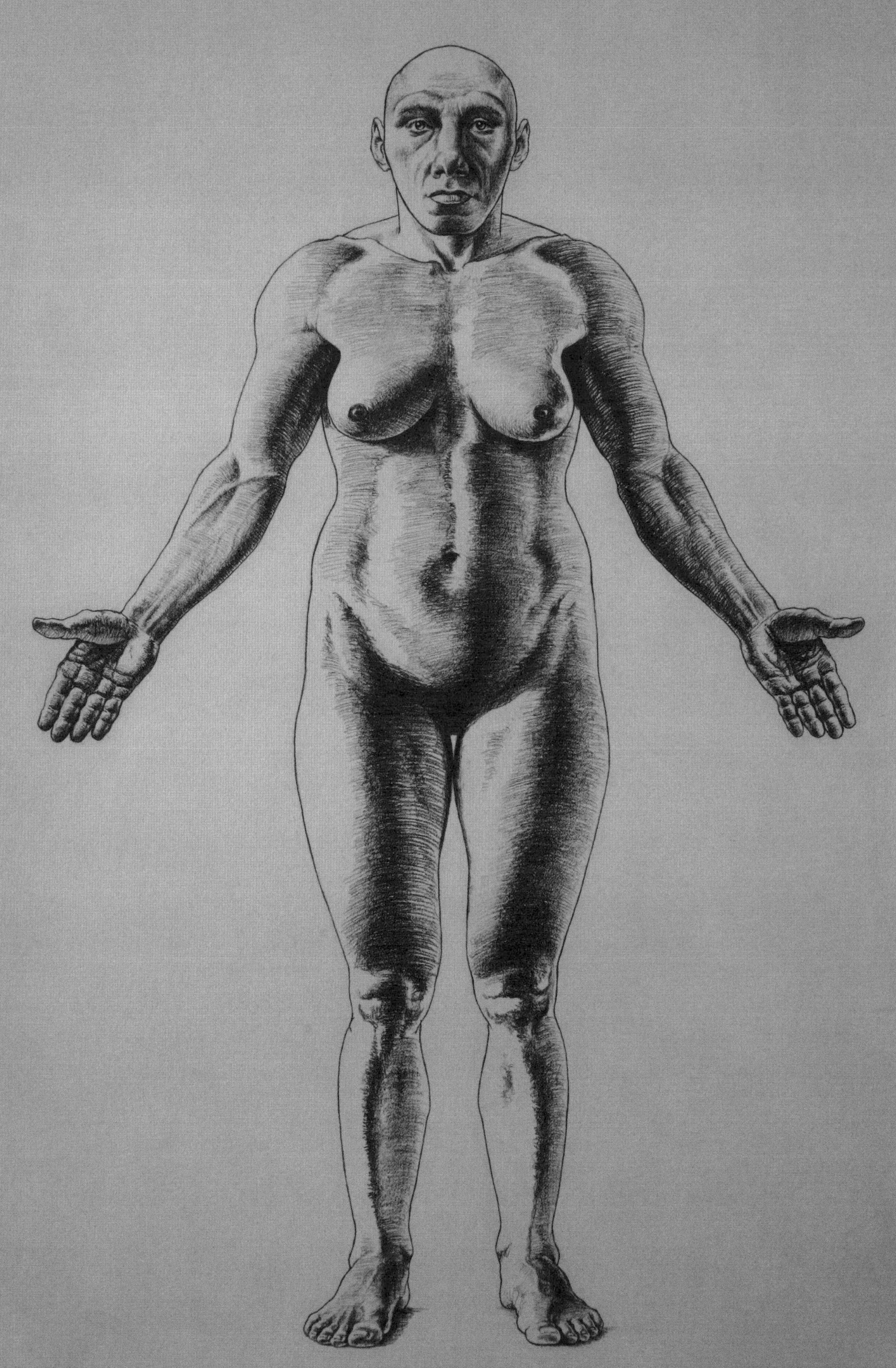

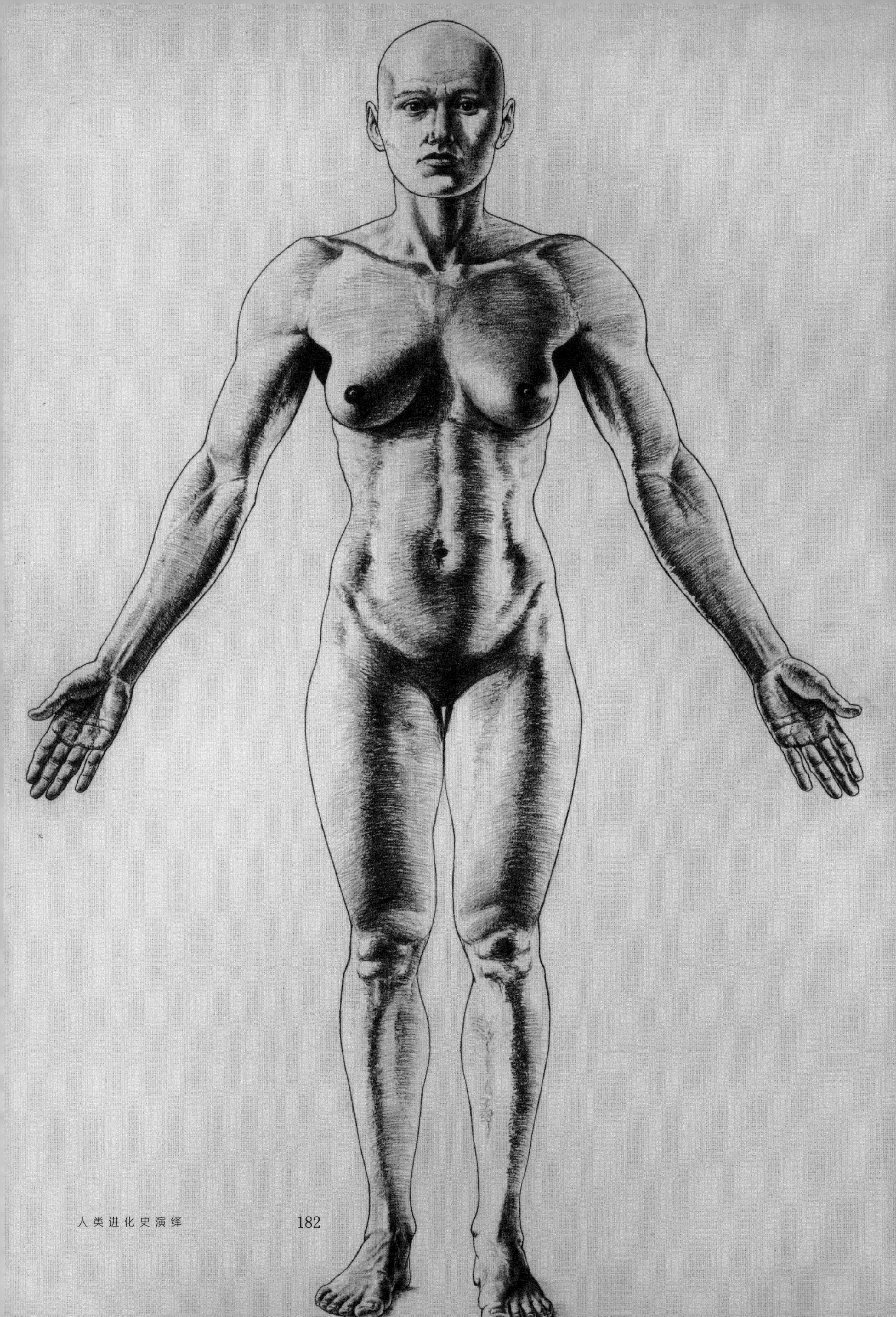

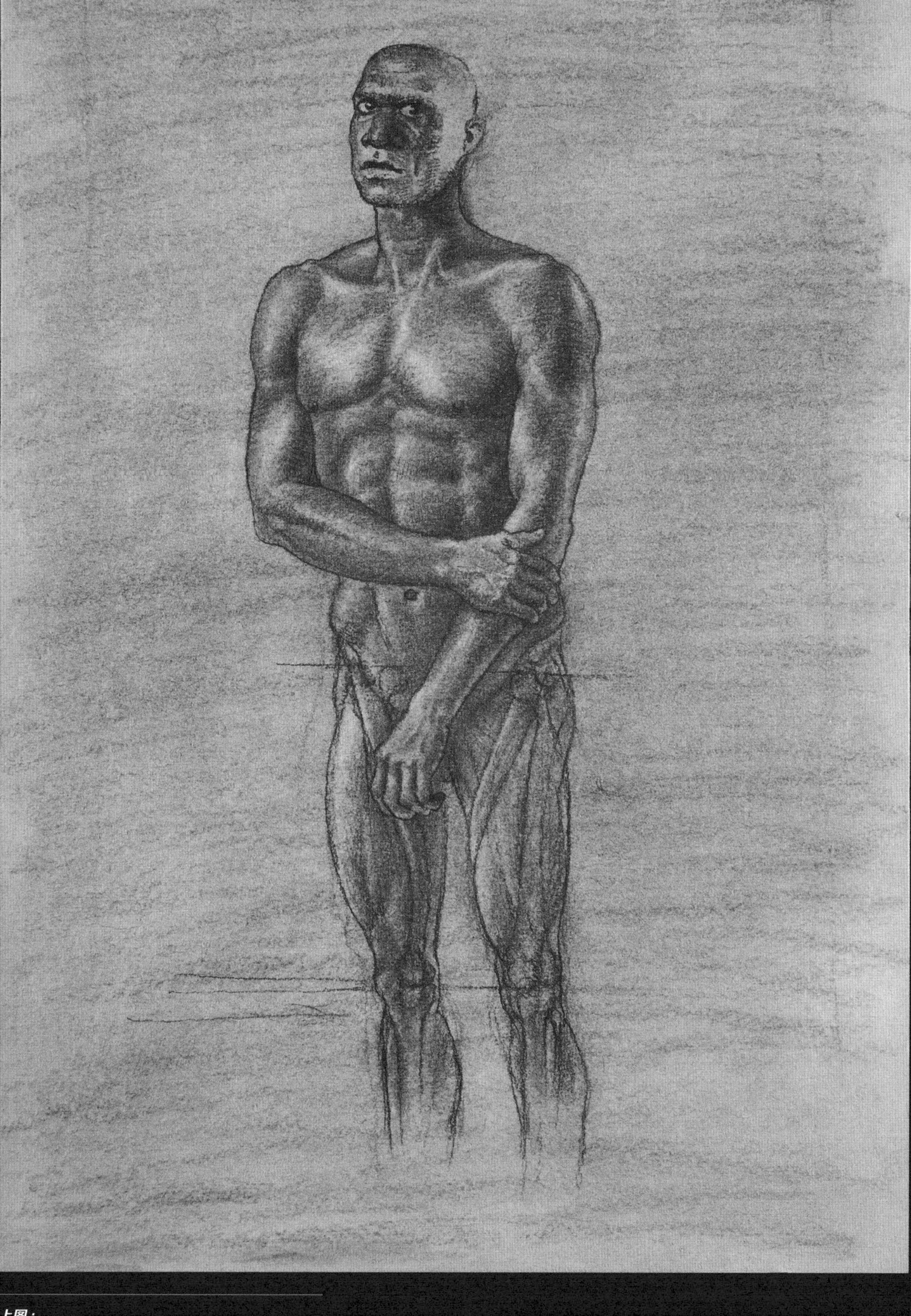

上图：

男性现代智人形象。红色粉笔，木板

左图：

女性智人形象，基于捷克斯洛伐克普里莫斯特的一具骨架。石墨，画纸，数码着色

上图：

智人头骨，来自以色列卡夫扎遗址。

石墨，画纸

右图：

智人微笑解剖结构，石墨

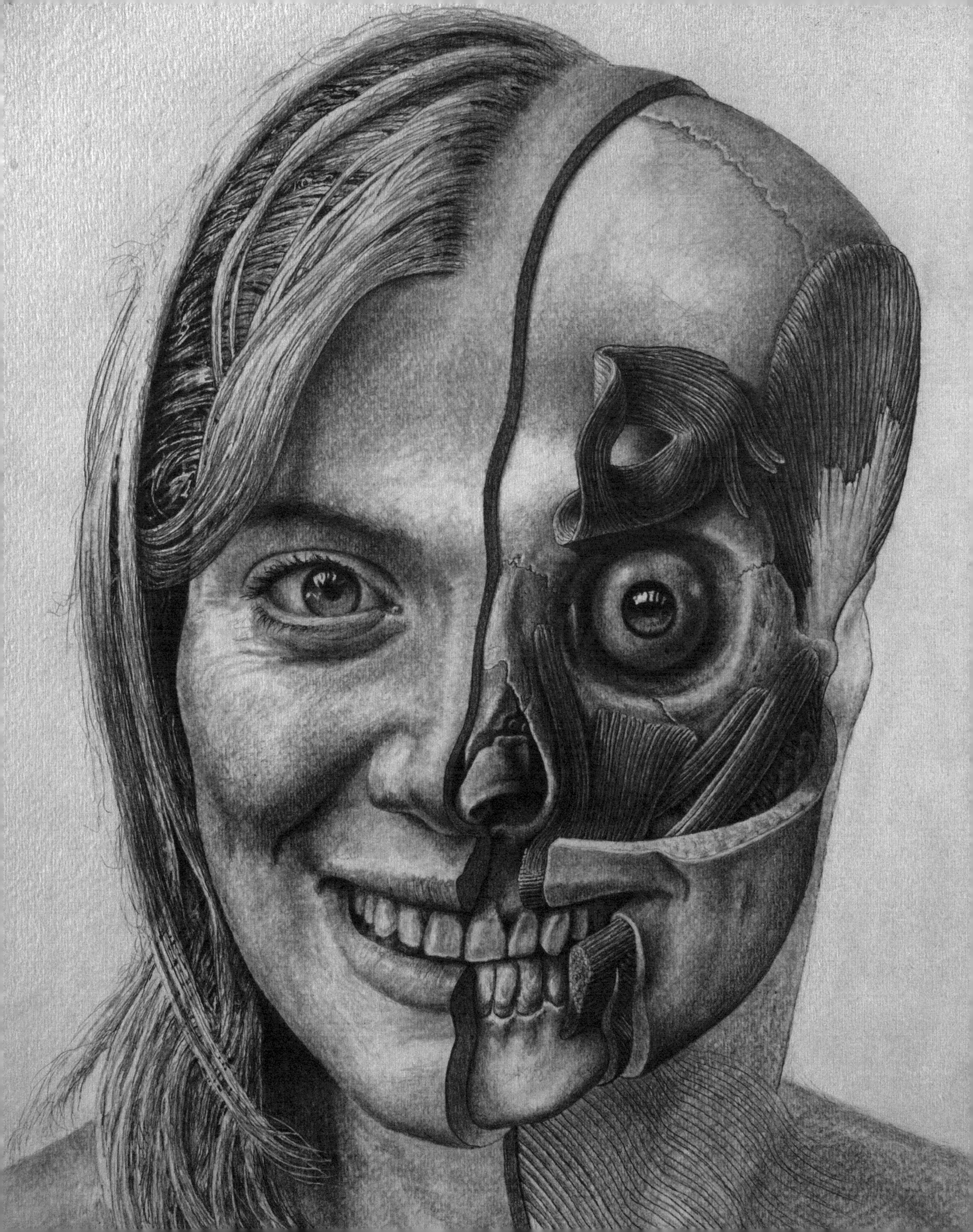

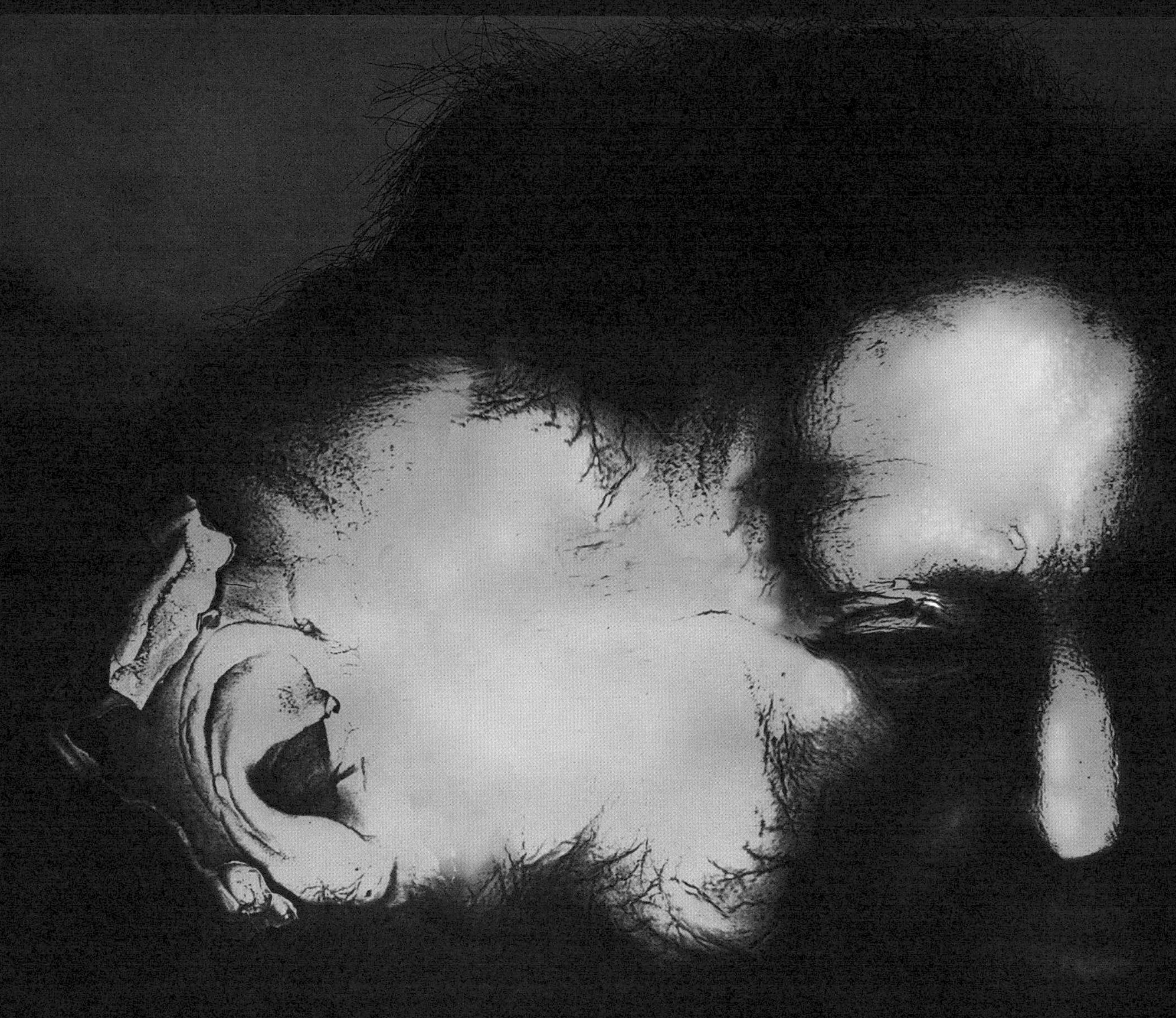

上图：
“皮肤”，老年男性现代智人。死亡面具滚过复印机窗口，添加丙烯颜料

右图：
“派对式微笑解剖图”，女性现代智人。石墨，丙烯涂层画板

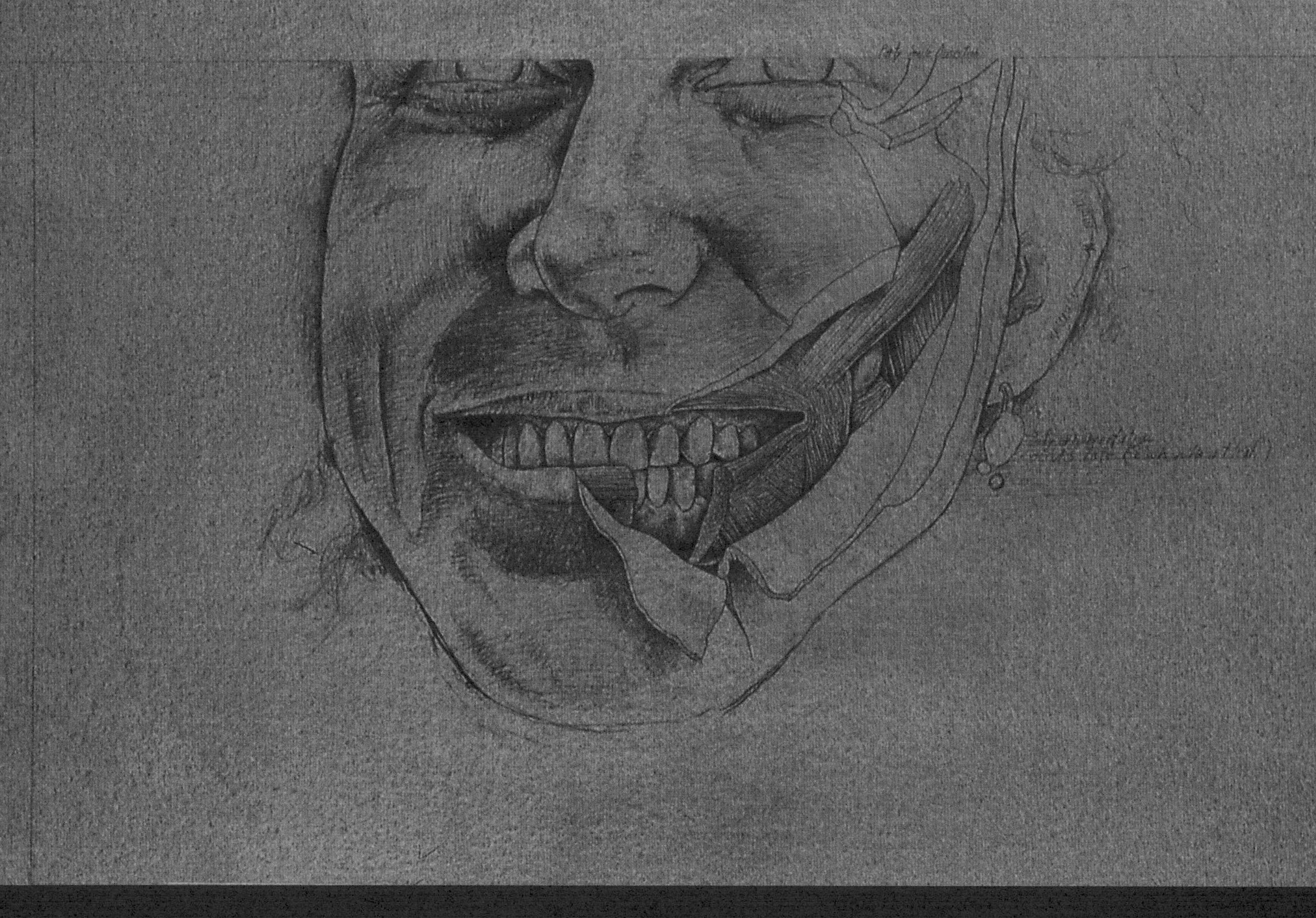

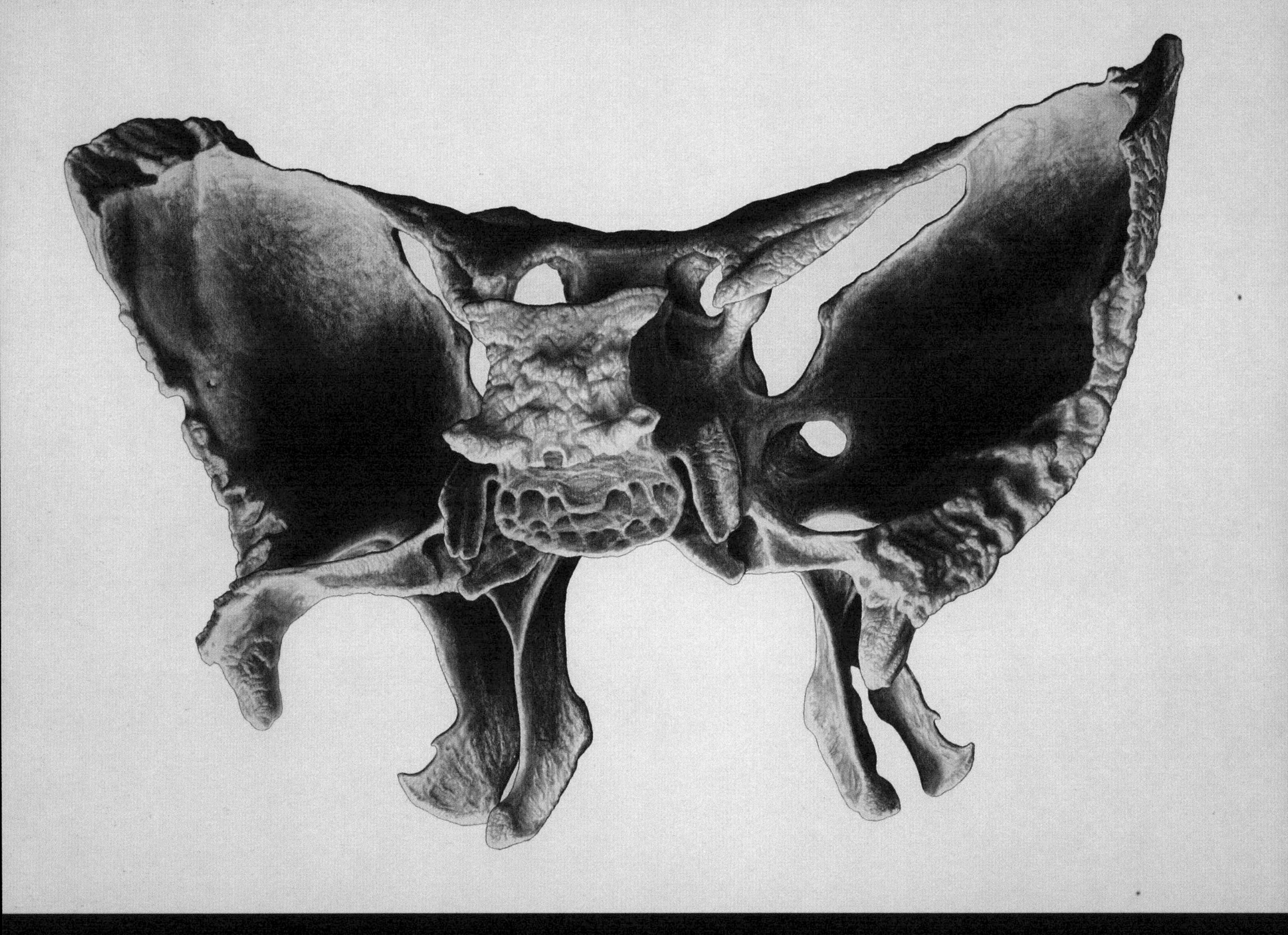

上图：

“从大脑看”，智人蝶骨。石墨，木板

右图：

老年女性智人，根据解剖铸型所画。石墨，画纸

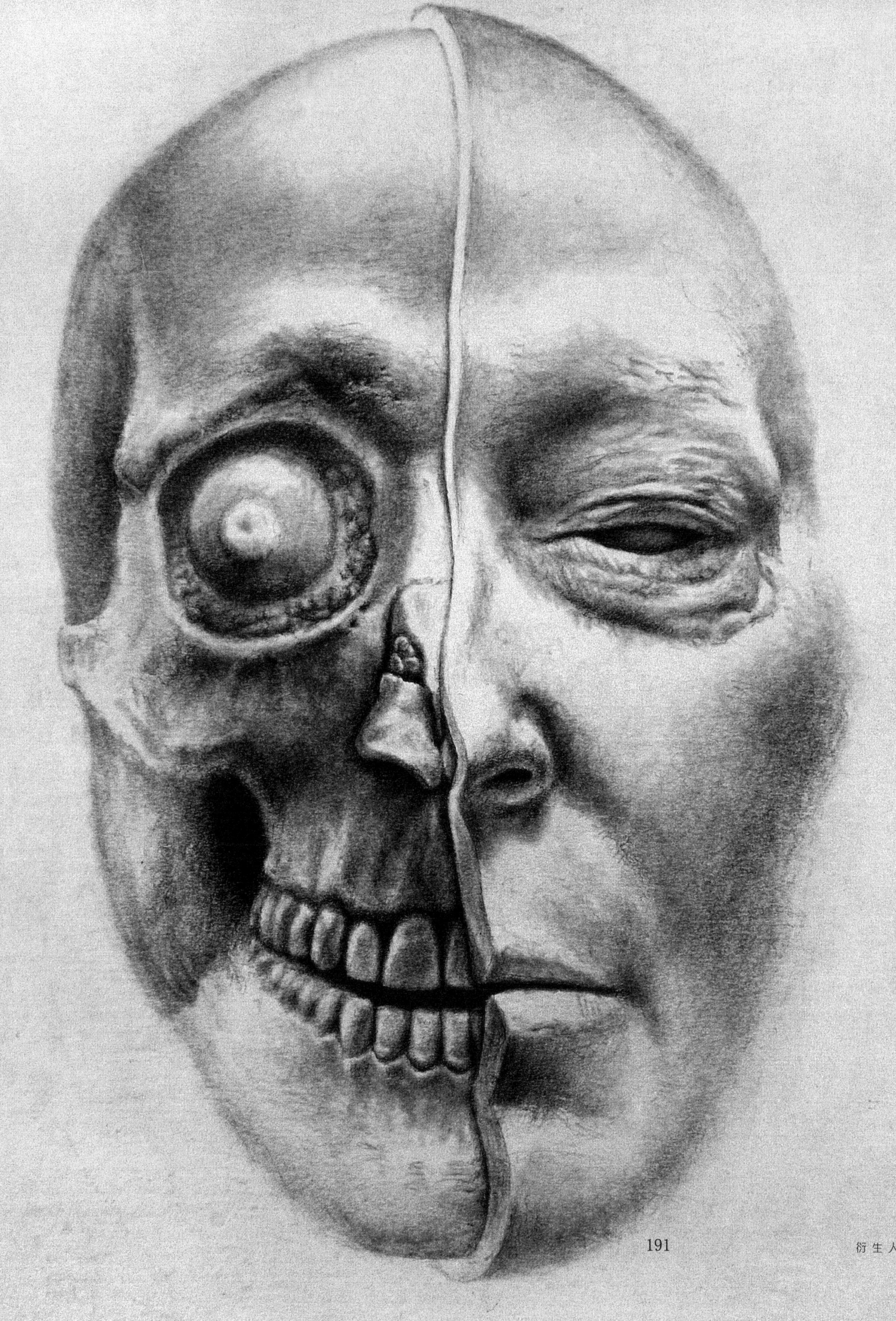

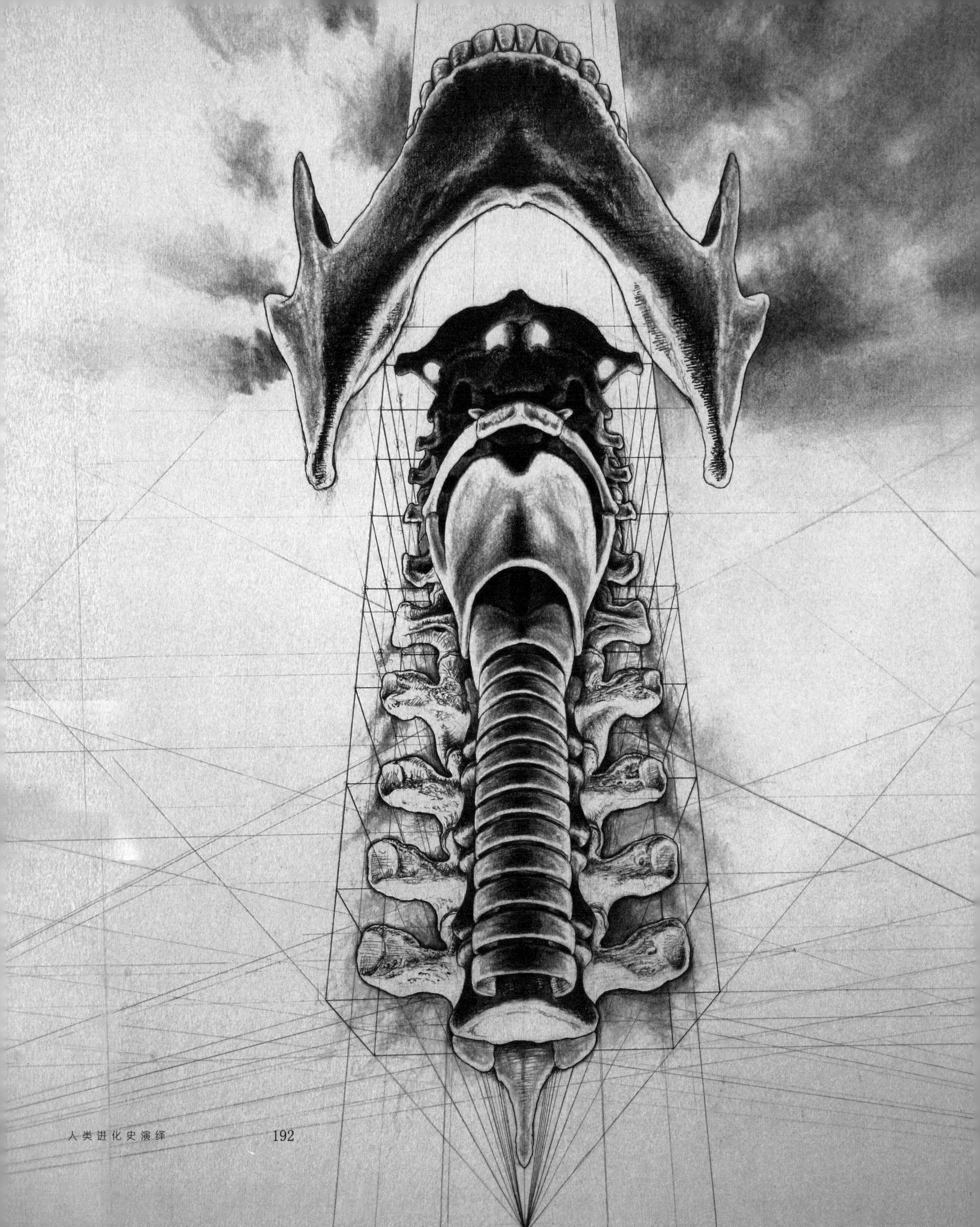

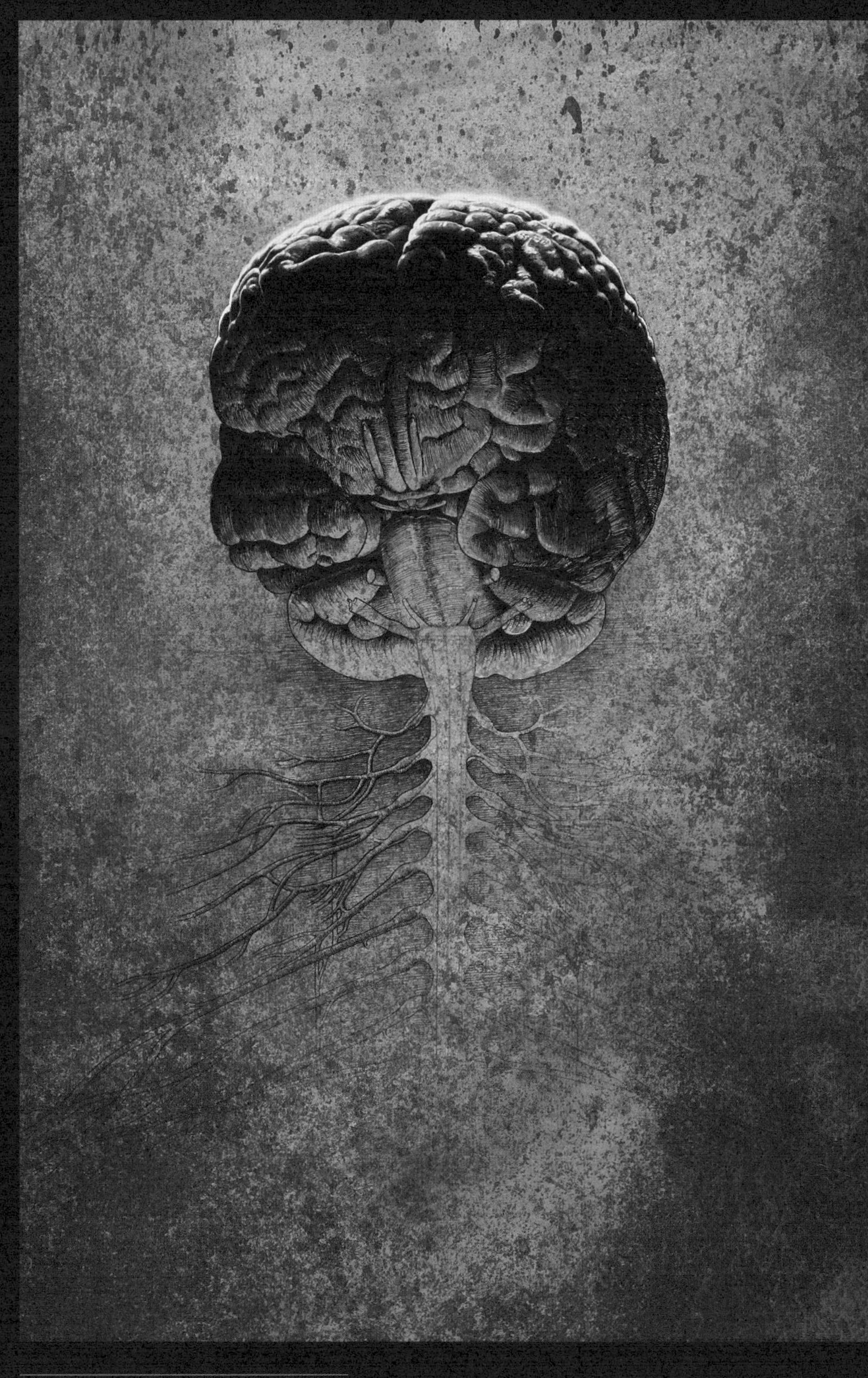

上图：

智人大脑和带有颈神经的脊髓。钢笔，墨水，石墨，丙烯，木板

左图：

“语言之塔”，智人，颈部和声道的骨骼及软骨。石墨，木板

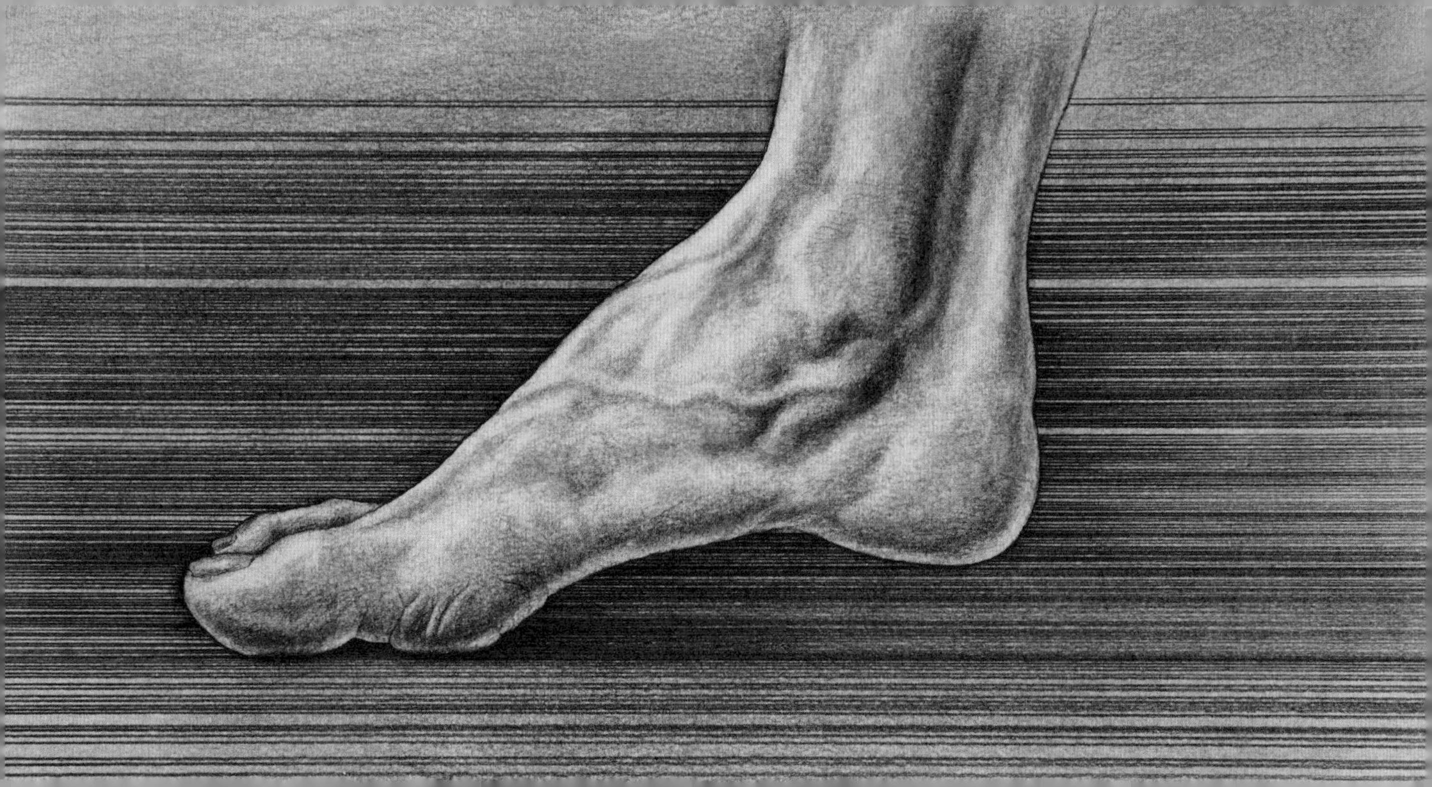

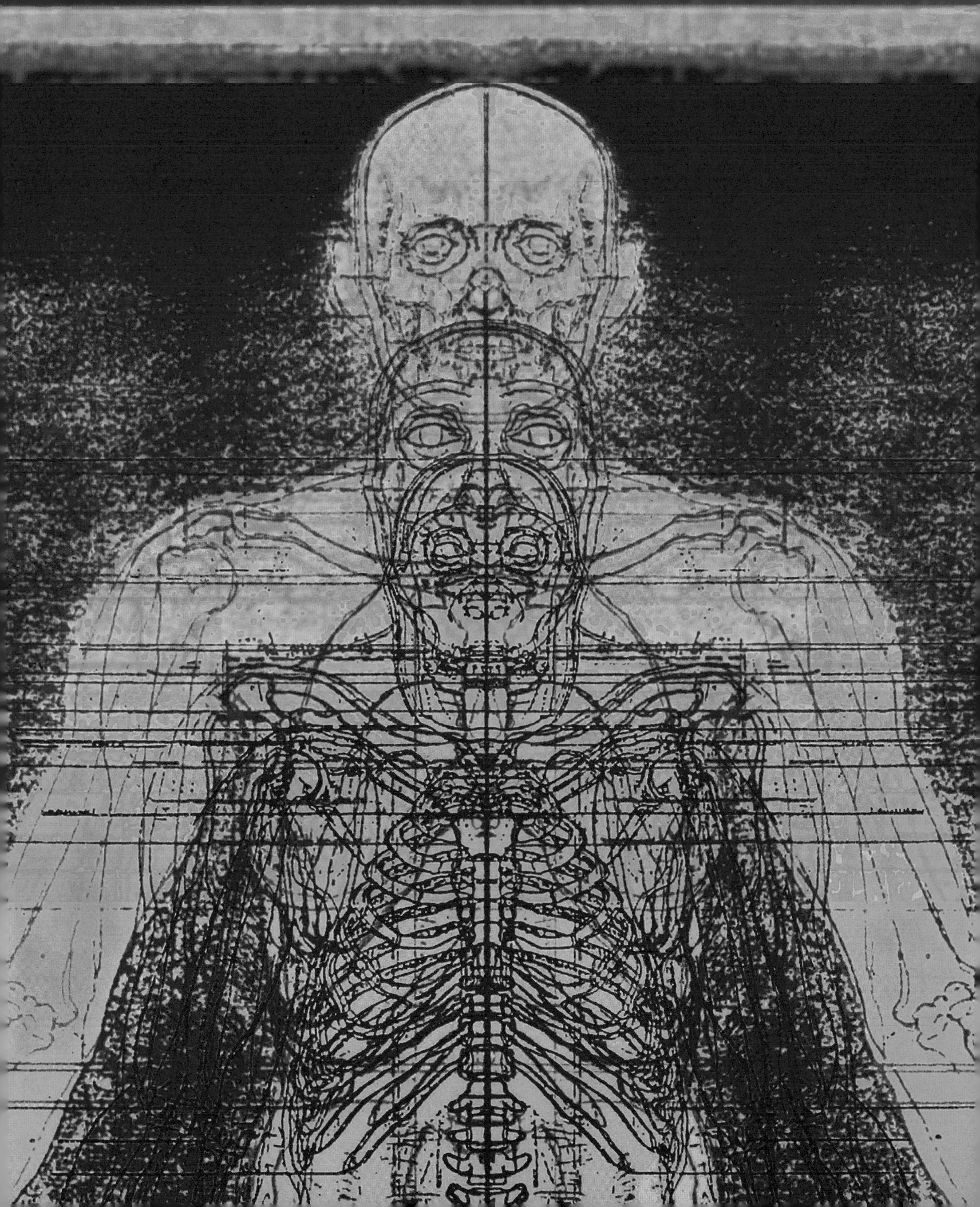

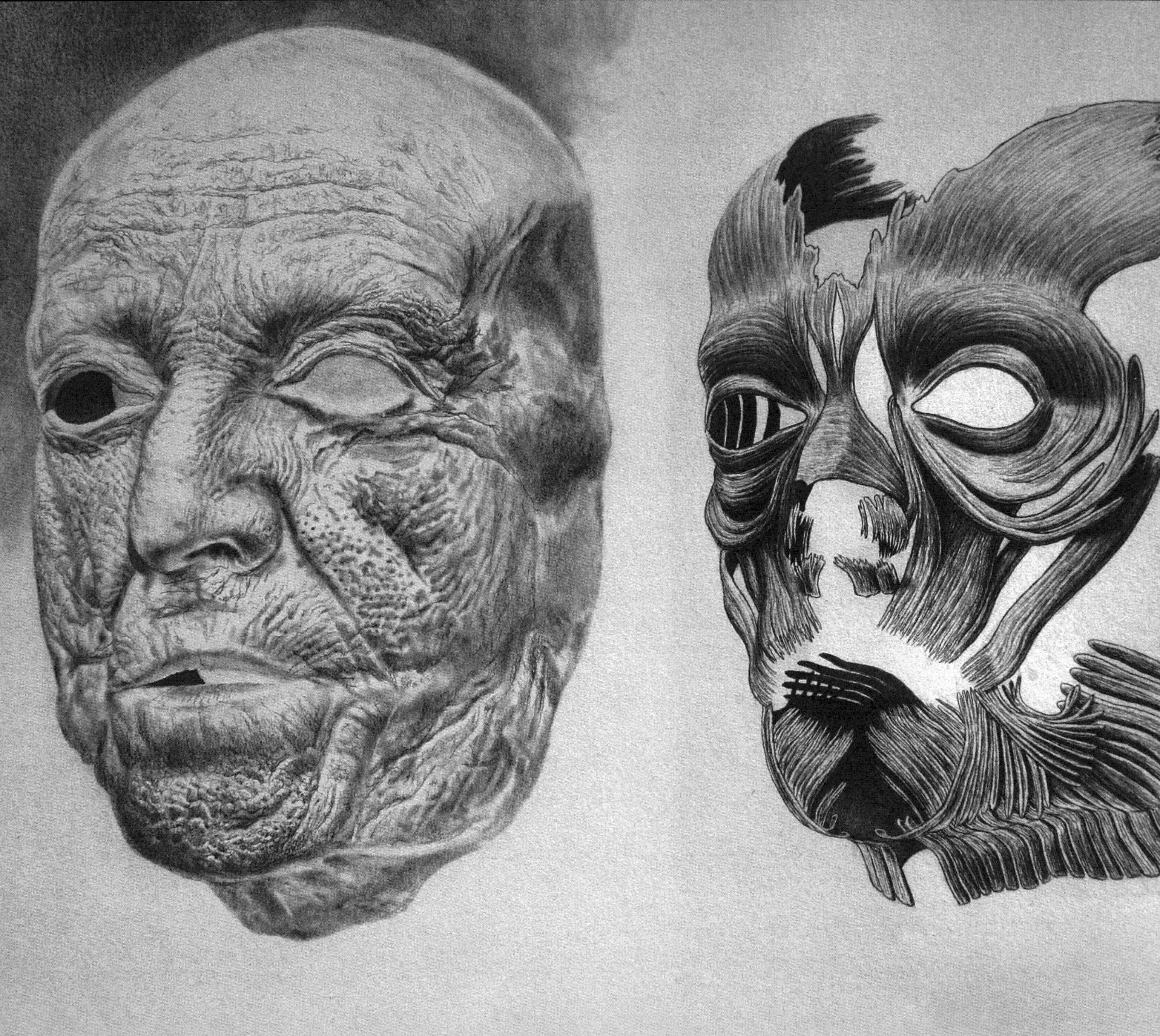

左～右图：

老年男性现代智人面部，由深层解剖至表面解剖。石墨，木板

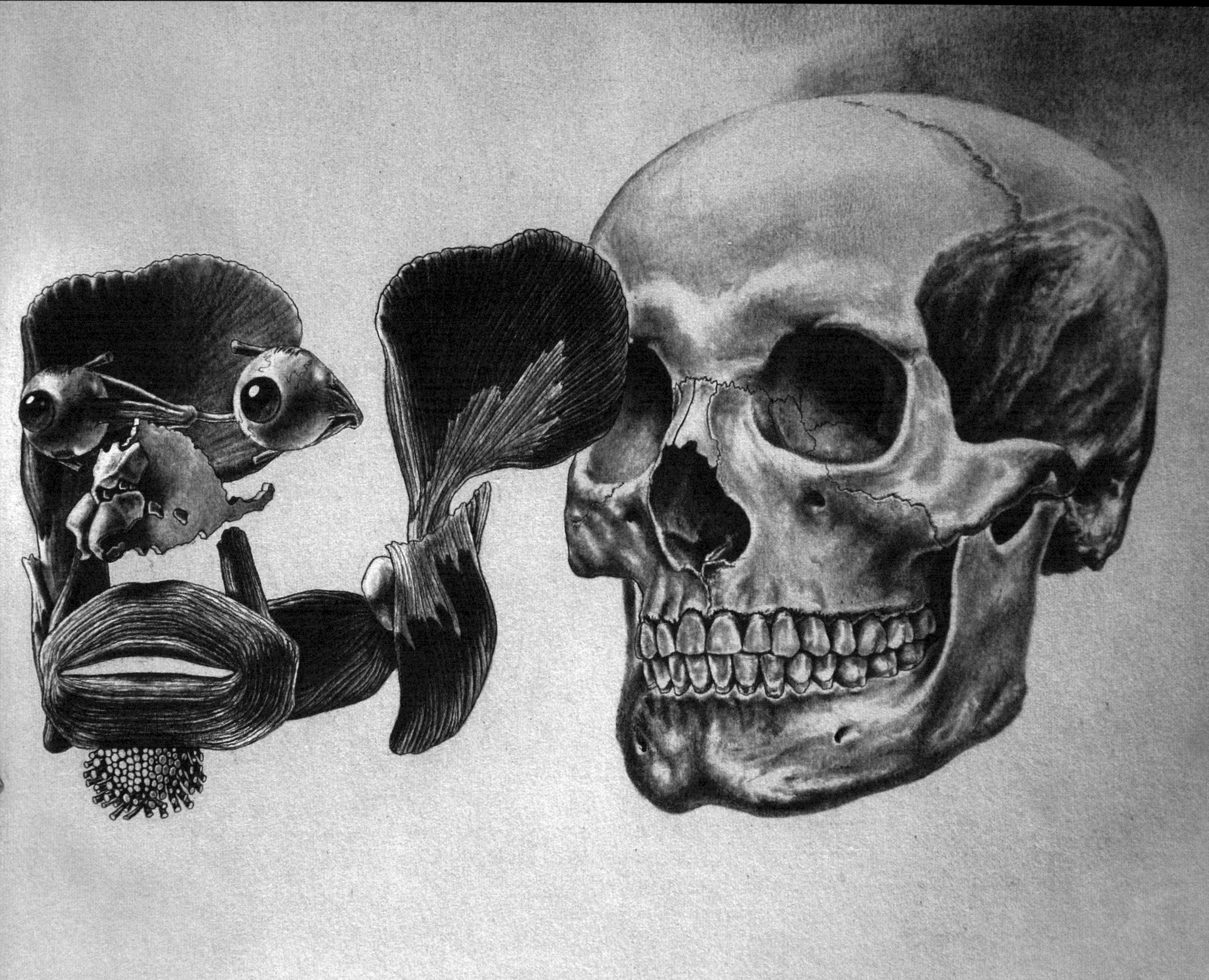

致　谢

ACKNOWLEDGMENTS

没有大家的帮助和鼓励，这本书根本不可能完成。在这长达 27 年的项目中，很多人以各种方式帮助过我，想要汇集所有人的名字有点困难。我肯定还是会遗漏一些人，在此提前向你们表达歉意。

感谢李 · 伯杰，他帮我打开金山大学化石库的门，让我能在其他人都回家后继续我的研究和绘画。我要感谢肯尼亚国家博物馆的米芙、理查德 · 李基和艾玛姆布亚；感谢金山大学的罗恩·克拉克，以及菲利普·托比亚斯（已故）和艾伦·休斯（已故）；感谢德兰士瓦博物馆的 C.K. 鲍勃 · 布雷恩（已故）和格鲁吉亚国家博物馆的大卫 · 洛德基帕尼兹，感谢他们在我研究和绘制化石时给与的帮助。

感谢大卫 · 亨特，他热情地提供了史密森学会的人类骨骼材料收藏。也要感谢鲍威尔－科顿博物馆的工作人员，让我接触到了他们收藏的非洲猿骨骼。

在类人猿和古人类解剖结构的咨询和探讨方面，我要感谢大卫 · 贝根、李 · 伯杰、杰里米 · 德 · 席尔瓦、迪安 · 福尔克、鲍勃 · 弗朗西斯科斯、戴夫 · 弗雷尔、希瑟 · 加文、威廉 · 哈科特史密斯、约翰 · 霍克斯、特伦特 · 霍利迪、拉尔夫 · 霍洛威、尼娜 · 贾布隆斯基、比尔 · 容格斯、特雷西 · 基维尔、布鲁斯 · 拉蒂默、米夫 · 李基、理查德 · 李基、欧文 · 洛夫乔伊、罗宾 · 麦克法兰、沙赫德 · 纳拉、里克 · 波茨、布莱恩 · 里奇蒙德、菲利普 · 赖特迈尔、克里斯 · 拉夫、彼得 · 施密德、兰迪 · 苏斯曼、马特 · 托赫里、埃里克 · 特林库斯，艾伦 · 沃克（已故）、卡罗尔 · 沃

右图：
成年雄性大猩猩。
丙烯，水洗板上的钢笔和墨水

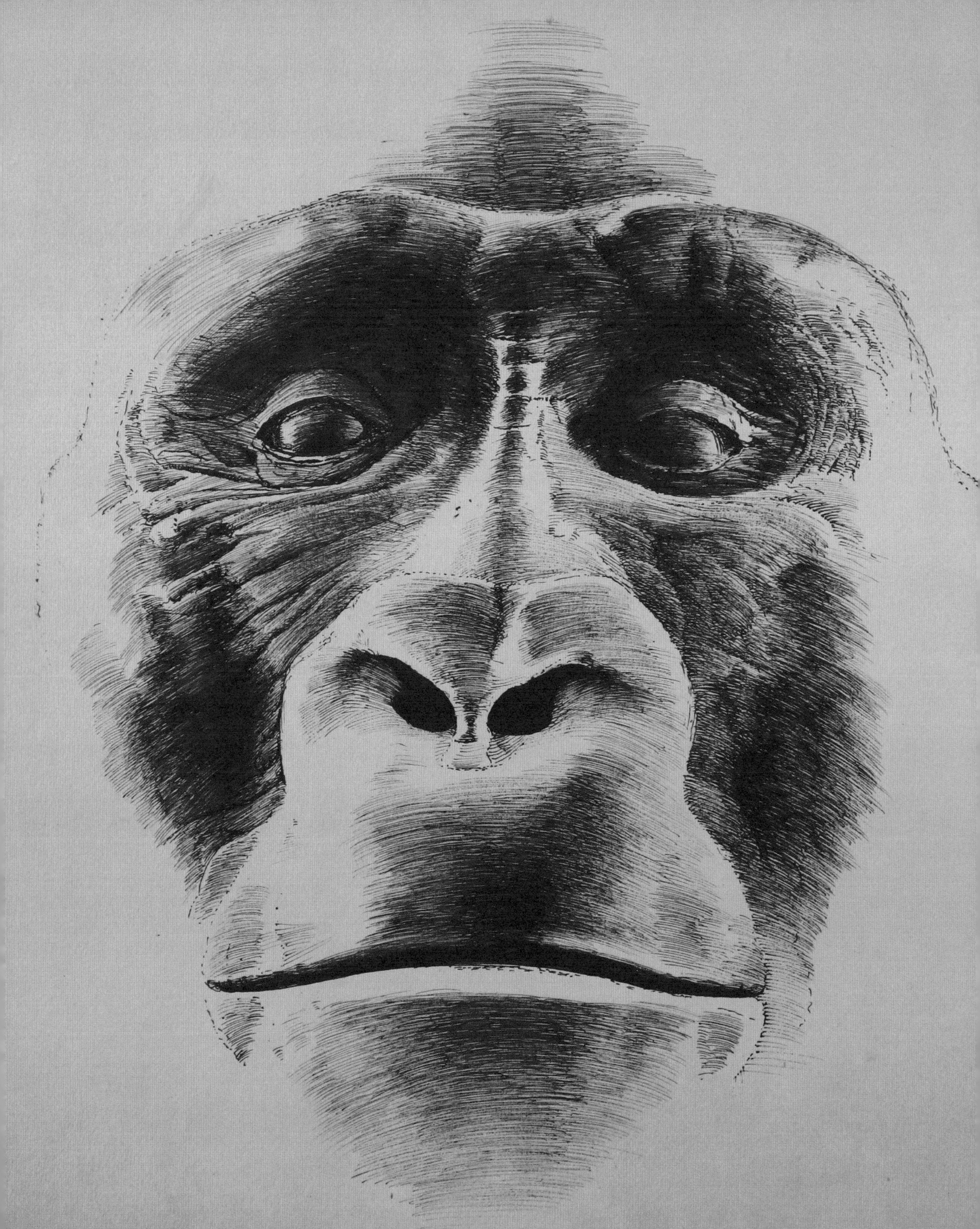

德、斯科特 · 威廉姆斯和阿德丽里安 · 齐尔曼。他们的帮助对于本书艺术的科学支持至关重要。如果还有任何错误，那都是我自己造成的。

感谢玛西亚 · 庞塞 · 德 · 莱昂和克里斯托夫 · 佐利科夫提供了A.L.417-1号和A.L.444-2号头骨（与尤尔 · 拉克合作）和D2282号头骨（与大卫 · 洛基帕尼泽合作）的数字化修复。感谢阿什利 · 克鲁格、博尼塔 · 德克勒克、威尔玛 · 劳伦斯和黛安 · 弗朗斯，他们帮助铸造了化石和现存灵长类动物模型。

特别感谢阿德里安 · 齐尔曼，她邀请我加入她的类人猿解剖小组，一起研究类人猿的面部解剖结构。她的实验室位于加州大学圣克鲁斯分校，我们在那里浇铸类人猿面部，现场一片混乱，她也毫无怨言。也要感谢她团队中的解剖研究员：黛布拉 · 博尔特、罗宾 · 麦克法兰和卡罗尔 · 安德伍德。还有已故的奇普 · 克拉克，我曾邀请他共进晚餐，对于我在冰箱里把冷冻黑猩猩头与冰激凌放在一起，他忍了，只是略有微词。

感谢鲍伯 · 马丁、玛丽 · 马兹克、琳达 · 温克勒和理查德 · 斯图奇，在他们的帮助下，我分别在苏黎世大学、亚利桑那大学、匹兹堡大学泰特斯维尔分校和丹佛自然科学博物馆接触到了类人猿遗体。也要感谢马里兰州解剖委员会的工作人员让我能够接触到人类遗体。

艺术家丹 · 伯格文、珍妮 · 克拉克、布莱斯 · 古尔奇、J.J. 曼福德、查克 · 帕森、布莱恩 · 鲁特、林恩 · 苏雷斯、克里斯 · 沃尔夫和大卫 · 兹洛特基多年来一直参与各类问题的讨论，从技术细节到事物的全貌，我们都有涉及。我的哥哥查理 · 古尔奇也是我们的摄影师，跟他以及人类学家瑞克 · 波茨进行长达五小时的重大讨论是很轻松的事情。

大卫 · 兹洛特基在水彩画纸上制作了高质量的数码作品图案，便于后续使用墨水和颜料进行进一步的处理。

也要赞扬那些帮助制作雕塑的人，这些雕塑为此书提供了描绘的对象。迪克 · 史密斯（已故）、勒罗伊 · 格伦（已故）以及加里 · 斯塔布，他们在制模、铸造以及使用逼真材料方面提供的信息非常有益。感谢芭芭拉 · 斯波恩 - 利洛在仿真眼制作方面提供的指导。

本书从艺术收藏到编撰成书，它的旅程是从我女儿布莱斯告诉我艾布拉姆斯图书公司的《美丽的大脑》一书时开始的。我在这本书的艺术作品和文章中发现了我所喜欢的一种美学。非常感谢艾布拉姆斯公司的埃里克 · 希梅尔，他让这本书的出版过程变得如此人性化。我也很感谢达里林 · 卡恩斯的精彩设计、阿内特 · 西尔娜 · 布鲁德的产品管控以及简 · 博布科的文案编辑。康纳 · 伦纳德和艾丽西亚 · 谭的组织能力对此书也至关重要。

有些人只是给我加油，表达对艺术的热情，或者将作品挂在墙上，但他们的支持对这个项目的完成是不可或缺的。其中有些人的评论影响了作品创造的进程，他们包括凯 · 贝伦斯梅尔、格雷格·布安尼、莎拉·迪文斯、约翰·迪文斯、迈克尔·迪内恩、大卫·弗雷尔、卡罗琳·古尔奇、查理·古尔奇、彼得·古尔奇、汤姆·哈迪、比尔·凯泽、李·马萨罗、戴夫·菲利普斯、简·夸尔斯、弗雷德·拉米、鲍勃·雷诺兹、埃里克·蒂泽夫康、玛格丽特·斯托伊科、迈克·斯托伊科、斯科特·萨克利夫和大卫·兹洛特基。特别是瑞克·波茨和珍妮·克拉克，他们在我最需要帮助的时候尤其给力。

我的孩子们自出生以来就和本书结下不解之缘（不管他们喜欢与否），他们总是以一种成年人少有的诚实态度表达他们的看法。谢谢你们，布莱斯，罗兰，还有米芙，我非常爱你们。

最后，我要感谢帕蒂·斯托伊科多年来对我的关爱和支持，包括在我编写本书获取支持无望时，以及孩子们上学缺乏学习用品时给予我的帮助。

图书在版编目（CIP）数据

人类进化史演绎 ：艺术与科学融合再现人类进化奇迹 / （美）约翰·古尔奇著 ；戴月兰，项菊仟译. — 长沙 ：湖南科学技术出版社，2021.12

ISBN 978-7-5710-0936-6

Ⅰ. ①人… Ⅱ. ①约… ②戴… ③项… Ⅲ. ①人类进化—历史 Ⅳ. ①Q981.1

中国版本图书馆 CIP 数据核字(2021)第 062903 号

RENLEI JINHUASHI YANYI YISHU YU KEXUE RONGHE ZAIXIAN RENLEI JINHUA QIJI

人类进化史演绎：艺术与科学融合再现人类进化奇迹

著　　者：[美] 约翰·古尔奇
译　　者：戴月兰　项菊仟
出 版 人：潘晓山
责任编辑：刘　英　李　媛
装帧设计：长沙有象文化创意有限公司
责任美编：谢　颖
版式设计：王语瑶
出版发行：湖南科学技术出版社
社　　址：长沙市芙蓉中路一段 416 号泊富国际金融中心
网　　址：http://www.hnstp.com
湖南科学技术出版社天猫旗舰店网址：
　　　　http://hnkjcbs.tmall.com
邮购联系：本社直销科 0731-84375808
印　　刷：湖南天闻新华印务有限公司
　　　　（印装质量问题请直接与本厂联系）
厂　　址：湖南望城·湖南出版科技园
邮　　编：410219
版　　次：2021 年 12 月第 1 版
印　　次：2021 年 12 月第 1 次印刷
开　　本：889mm×1194mm　1/16
印　　张：17.5
字　　数：105 千字
书　　号：ISBN 978-7-5710-0936-6
定　　价：88.00 元